定期テスト ズバリよくでる　数学｜3年　教育出...

JN100741

もくじ

取り外してお使いください　赤シート＋直前チェックBOOK,別冊解答

※全国の定期テストの標準的な出題範囲を示しています。学校の学習進度とあわない場合は、「あなたの学校の出題範囲」欄に出題範囲を書きこんでお使いください。

Step 1 基本チェック　1節 多項式の乗法と除法

⏱ 15分

教科書のたしかめ　[ ]に入るものを答えよう！

❶ 単項式と多項式の乗法，除法　▶教 p.16-18　Step 2 ❶❷

解答欄

☐(1)　$x(3x+4y)=[\,3x^2+4xy\,]$

(1)

☐(2)　$2y(2x+3y)=[\,4xy+6y^2\,]$

(2)

☐(3)　$(4x^2+6xy)\div2x=\dfrac{[\,4x^2+6xy\,]}{2x}=[\,2x+3y\,]$

(3)

☐(4)　$(axy+by)\div y=axy\times\dfrac{1}{[\,y\,]}+by\times\dfrac{1}{[\,y\,]}=[\,ax+b\,]$

(4)

☐(5)　$(8x^2-12xy)\div\dfrac{1}{2}x=(8x^2-12xy)\times\dfrac{2}{[\,x\,]}$

$=[\,16x-24y\,]$

(5)

❷ 多項式の乗法　▶教 p.19-20　Step 2 ❸❹

☐(6)　$(x+3)(y-2)=x([\,y-2\,])+3([\,y-2\,])$

$=[\,xy-2x+3y-6\,]$

(6)

❸ 乗法の公式　▶教 p.21-26　Step 2 ❺-❾

☐(7)　$(x+2)(x+3)=[\,x^2+5x+6\,]$

(7)

☐(8)　$(x+2)^2=[\,x^2+4x+4\,]$

(8)

☐(9)　$(x-2)^2=[\,x^2-4x+4\,]$

(9)

☐(10)　$(x+3)(x-3)=[\,x^2-9\,]$

(10)

☐(11)　$(3y+2)(3y+5)=([\,3y\,])^2+(2+5)\times[\,3y\,]+2\times5$

$=[\,9y^2+21y+10\,]$

(11)

☐(12)　$(x+y+3)(x+y-3)=([\,M+3\,])([\,M-3\,])$ ←$x+y=M$ とおく

$=[\,M^2\,]-9$

$=([\,x+y\,])^2-9$ ←Mを$x+y$に戻す

$=[\,x^2+2xy+y^2-9\,]$

(12)

教科書のまとめ　＿＿に入るものを答えよう！

☐分配法則　$a(b+c)=\underline{ab}+\underline{ac}$

☐単項式や多項式の積の形で表された式を計算して単項式の和の形に表すことを，もとの式を　<u>展開</u>　するという。

☐乗法の公式

(1)　$(x+a)(x+b)=\underline{x^2+(a+b)x+ab}$

(2)　$(x+a)^2=\underline{x^2+2ax+a^2}$

(3)　$(x-a)^2=\underline{x^2-2ax+a^2}$

(4)　$(x+a)(x-a)=\underline{x^2-a^2}$

Step 2 予想問題 ┃ 1節 多項式の乗法と除法

1ページ
30分

【(多項式)×(単項式)】

❶ 次の計算をしなさい。

□(1) $2x(x+5y)$ □(2) $-3x(2x+3y)$

□(3) $(4a-b)\times 7b$ □(4) $(3x-5y)\times(-2x)$

□(5) $(2a-b+4)\times 3a$ □(6) $-\dfrac{x}{2}(6x-4y+2)$

【(多項式)÷(単項式)】

❷ 次の計算をしなさい。

□(1) $(8x^2+6x)\div 2x$ □(2) $(9x^2-12x)\div(-3x)$

□(3) $(6a^2-9ab)\div\dfrac{3}{2}a$ □(4) $(4a^2-a)\div\left(-\dfrac{1}{2}a\right)$

【(多項式)×(多項式)①】

❸ 次の式を展開しなさい。

□(1) $(x+3)(y-5)$ □(2) $(a-7)(b-5)$

【(多項式)×(多項式)②】

❹ 次の式を展開しなさい。

□(1) $(2x+3y)(3x+2y)$ □(2) $(7a+3b)(3b-2a)$

□(3) $(x-2y)(2x+3y-1)$ □(4) $(-3x+2y-1)(x-3y)$

【乗法の公式(1)：$(x+a)(x+b)=x^2+(a+b)x+ab$】

よく出る

❺ 次の式を展開しなさい。

□(1) $(x+2)(x+3)$ □(2) $(x+3)(x+4)$

□(3) $(x-7)(x-3)$ □(4) $(x-5)(x-1)$

□(5) $(x-4)(x+5)$ □(6) $\left(x-\dfrac{2}{3}\right)\left(x+\dfrac{1}{3}\right)$

□(7) $(y+6)(y-7)$ □(8) $\left(a+\dfrac{1}{2}\right)\left(a-\dfrac{3}{2}\right)$

💡ヒント

❶
分配法則
$a(b+c)=ab+ac$
$(b+c)a=ab+ac$
を使う。

❷
単項式でわるときには
2通りの計算方法がある。
(ア)分数の形で表し，約
　分する。
(イ)乗法に直して分配法
　則を使う。
　わる数に分数がふく
　まれているときは，乗
　法に直して計算する。

❸
分配法則を使って展開
する。そのためには，
一方を「ひとまとまり」
とみる。

❹
展開した式は同類項を
まとめておく。

❺
問題で与えられている
数のどれが乗法の公式
の a，b に該当するか
を確認する。
(7)，(8)文字が x 以外で
　も公式が使える。

❌┃ミスに注意
慣れるまでは分配法
則を使って計算し，
公式を確認しよう。

【乗法の公式(2), (3)：$(x+a)^2=x^2+2ax+a^2$,　$(x-a)^2=x^2-2ax+a^2$】

❻ 次の式を展開しなさい。

□(1)　$(x+7)^2$

□(2)　$(x-5)^2$

□(3)　$(y-8)^2$

□(4)　$(4+y)^2$

□(5)　$(1-a)^2$

□(6)　$(-x+3)^2$

□(7)　$\left(x+\dfrac{1}{3}\right)^2$

□(8)　$\left(x-\dfrac{1}{2}\right)^2$

【乗法の公式(4)：$(x+a)(x-a)=x^2-a^2$】

❼ 次の式を展開しなさい。

□(1)　$(x+9)(x-9)$

□(2)　$(x+12)(x-12)$

□(3)　$\left(x+\dfrac{1}{2}\right)\left(x-\dfrac{1}{2}\right)$

□(4)　$\left(x-\dfrac{3}{4}\right)\left(x+\dfrac{3}{4}\right)$

□(5)　$(7+x)(7-x)$

□(6)　$(a+3)(3-a)$

【いろいろな式の展開①】

❽ 次の式を展開しなさい。

□(1)　$(5x+2)(5x+3)$

□(2)　$(4x+1)^2$

□(3)　$(3y-2)(3y+2)$

□(4)　$(2a+3b)(2a-3b)$

【いろいろな式の展開②】

❾ 次の(1)～(3)の式を展開しなさい。また，(4)～(6)の計算をしなさい。

□(1)　$(x-y+3)(x-y+2)$

□(2)　$(a+b+4)(a-b+4)$

□(3)　$(x+y-2)^2$

□(4)　$(x+1)^2+(x+2)(x-2)$

□(5)　$(x-3)(x+2)-(x+5)(x-4)$

□(6)　$(x+2y)^2+(x-2y)^2$

ヒント

❻
(6)$-x+3$
$=-(x-3)$
だから，
$(-x+3)^2$
$=\{-(x-3)\}^2$
$=(x-3)^2$
として計算する。
あるいは，
$-x+3=3-x$
だから，
$(-x+3)^2=(3-x)^2$
として計算する。

❼
(6)$a+3$ を
$3+a$ として，
$(3+a)(3-a)$
とする。あるいは，
$-(a+3)(a-3)$
として，公式を用いる。

❽
(1)$5x$ をひとまとまりにみて公式を使う。
(4)$2a$, $3b$ をそれぞれひとまとまりとみる。

❾
(1), (2), (3)は，それぞれ
$x-y=M$
$a+4=M$
$x+y=M$
とおく。
(4)乗法公式を用いる。

［解答 ▶ p.1-2］

Step 1 基本チェック

2節 因数分解
3節 式の活用

15分

教科書のたしかめ [ ]に入るものを答えよう！

2節 ❶ 因数分解　▶教 p.28-29　Step 2 ❶

解答欄

□(1) $ax+ay=[\ a(x+y)\ ]$

(1)

2節 ❷ 因数分解の公式　▶教 p.30-35　Step 2 ❷-❽

□(2) $x^2+3x+2=[\ (x+1)(x+2)\ ]$

(2)

□(3) $x^2-x-2=[\ (x+1)(x-2)\ ]$

(3)

□(4) $x^2+2x+1=[\ (x+1)^2\ ]$

(4)

□(5) $x^2-4x+4=[\ (x-2)^2\ ]$

(5)

□(6) $x^2-9=[\ (x+3)(x-3)\ ]$

(6)

□(7) $4y^2-12y+9=([\ 2y\ ])^2-2\times3\times[\ 2y\ ]+[\ 3\ ]^2$
$\qquad\qquad =([\ 2y-3\ ])^2$

(7)

□(8) $x(x-2)+y(x-2)=[\ (x-2)(x+y)\ ]$

(8)

□(9) $(a+1)^2+4(a+1)+3=[\ M\ ]^2+4[\ M\ ]+3$　←$a+1=M$とおく
$\qquad\qquad =([\ M+1\ ])([\ M+3\ ])$
$\qquad\qquad =([\ a+1\ ]+1)([\ a+1\ ]+3)$　←Mを$a+1$
$\qquad\qquad\qquad\qquad\qquad\qquad\qquad$ に戻す
$\qquad\qquad =[\ (a+2)(a+4)\ ]$

(9)

3節 ❶ 式の活用　▶教 p.37-39　Step 2 ❾-⓭

□(10) 201^2
$=([\ 200\ ]+1)^2$
$=40000+2\times1\times[\ 200\ ]+1^2$
$=[\ 40401\ ]$

□(11) 43^2-37^2
$=(43+[\ 37\ ])(43-[\ 37\ ])$
$=80\times6$
$=480$

(10)

(11)

....

教科書のまとめ ＿＿に入るものを答えよう！

□ 多項式をいくつかの因数の積で表すことを，もとの式を 因数分解 するという。
□ 因数分解の公式
　(1)′ $x^2+(a+b)x+ab=\underline{(x+a)(x+b)}$　　(2)′ $x^2+2ax+a^2=\underline{(x+a)^2}$
　(3)′ $x^2-2ax+a^2=\underline{(x-a)^2}$　　(4)′ $x^2-a^2=\underline{(x+a)(x-a)}$
□ n を自然数とすると，偶数は $\underline{2n}$ ，奇数は $\underline{2n+1}$ と表すことができる。

Step 2 予想問題 ┊ **2節 因数分解**
3節 式の活用

1ページ
30分

【共通な因数のくくり出し】

❶ 次の式を因数分解しなさい。

☐(1) $2ax+ay$ ☐(2) x^2-x

☐(3) $3ax^2-ax$ ☐(4) $6x^2y-3xy$

☐(5) $ax-ay+az$ ☐(6) $15mn+5m^2-20mn^2$

【因数分解の公式(1)′ : $x^2+(a+b)x+ab=(x+a)(x+b)$】

❷ 次の式を因数分解しなさい。

☐(1) $x^2+7x+12$ ☐(2) $x^2-9x+20$

☐(3) $x^2-17x+72$ ☐(4) $x^2+3x-10$

☐(5) x^2-2x-8 ☐(6) $x^2-8x-20$

☐(7) $y^2-2y-15$ ☐(8) $15-8a+a^2$

【因数分解の公式(2)′, (3)′ : $x^2+2ax+a^2=(x+a)^2$, $x^2-2ax+a^2=(x-a)^2$】

❸ 次の式を因数分解しなさい。

☐(1) $x^2+12x+36$ ☐(2) $a^2+8a+16$

☐(3) $x^2-14x+49$ 点UP ☐(4) $9-6b+b^2$

☐(5) $x^2+x+\dfrac{1}{4}$ ☐(6) $x^2-\dfrac{2}{5}x+\dfrac{1}{25}$

【因数分解の公式(4)′ : $x^2-a^2=(x+a)(x-a)$】

❹ 次の式を因数分解しなさい。

☐(1) x^2-121 ☐(2) x^2-169

☐(3) $36-x^2$ ☐(4) b^2-a^2

☐(5) $m^2-\dfrac{1}{25}$ 点UP ☐(6) $\dfrac{25}{36}-y^2$

ヒント

❶

(3)で共通な因数は a だけではない。

(5), (6)は3つの項に共通な因数を見つける。

❷

因数分解では, まず定数項の符号に着目する。

テスト得ダネ

積が負
　　…2数は異符号
積が正
　　…2数は同符号

❸

(5) $x=2\times\dfrac{1}{2}\times x$

❹

( )²−( )²
の形とみる。

[解答 ▶ p.2]

【いろいろな式の因数分解①】

❺ 次の式を因数分解しなさい。

☐(1) $4x^2 - 12x + 8$

☐(2) $3x^2 + 6x - 45$

☐(3) $3x^2 + 18x + 27$

☐(4) $2x^2 - 32x + 128$

☐(5) $ax^2 + 8ax + 16a$

☐(6) $56a + ax^2 - 15ax$

☐(7) $x^2 y - 144y$

☐(8) $ab^2 x - ab^2 x^3$

【いろいろな式の因数分解②】

❻ 次の式を因数分解しなさい。

☐(1) $9x^2 + 6x + 1$

☐(2) $9y^2 - 42y + 49$

☐(3) $64x^2 - 36$

☐(4) $9ax^2 - 4a$

【いろいろな式の因数分解③】

❼ 次の式を因数分解しなさい。

☐(1) $(a+3)^2 + 3(a+3) + 2$

☐(2) $(x-7)^2 - 11(x-7) + 30$

☐(3) $(x+6)^2 - 6(x+6) + 9$

☐(4) $(x+11)^2 - 121$

【いろいろな式の因数分解④】

❽ 次の式を因数分解しなさい。

☐(1) $x(y-3) + 3y - 9$

☐(2) $(3a-2)b - 6a + 4$

☐(3) $xy - 5x + 2y - 10$

☐(4) $xy - 4x - 3y + 12$

ヒント

❺
まず，各項に共通な因数をくくり出す。次に（　）の中を因数分解する。

✗ ミスに注意
共通な因数は1つの文字の単項式とは限らない！

❻
(1)$3x$ をひとまとまりとみる。
$9x^2 = (3x)^2$

❼
(1)$a+3$ を1つの文字Mにおきかえて，因数分解の公式を使う。

❽
共通な因数に着目する。
(1)$3y-9$
$=3(y-3)$
とすれば，共通因数が見つかる。

【式の活用①】

❾ 次の問いに答えなさい。

□(1) 1辺の長さが 27 m の正方形の土地が
あります。この土地に，1辺が 17 m
の正方形の家を建てました。家以外の
土地の面積を求める式をつくりなさい。
また，その面積を工夫して計算し，求
めなさい。

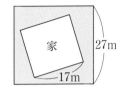

式（　　　　　　　　　　） 面積（　　　　　　）

□(2) 半径 13.5 cm の円板に色をぬります。
この円板には半径 3.5 cm の円の形を
した穴が空いています。色をぬる部分
の面積を工夫して計算し，求めなさい。

（　　　　　　）

【式の活用②】

❿ 次の式を工夫して計算しなさい。

□(1) 105^2 　　　□(2) 95^2 　　　□(3) 22^2-18^2

【式の活用③】

⓫ 次の問いに答えなさい。

□(1) 連続する2つの偶数では，大きいほうの数の2乗から小さいほ
うの数の2乗をひいた差は，4の倍数になります。このことを証
明しなさい。

□(2) 連続する2つの奇数では，大きいほうの数の2乗から小さいほ
うの数の2乗をひいた差は，8の倍数になります。このことを証
明しなさい。

[解答 ▶ p.3-4]

💡ヒント

❾
因数分解の公式
$$x^2-a^2$$
$$=(x+a)(x-a)$$
を用いると，簡単に計
算できる。

(2) 半径 r の円の面積
S は，$S=\pi r^2$

❿
乗法の公式や因数分解
の公式を用いて，工夫
して計算する。

⓫
n を整数として，連続
する2つの偶数や奇数
を n を用いて表す。
n を整数とすると，
　偶数は $2n$
　奇数は $2n+1$
と表すことができる。
奇数を $2n-1$ と表す
こともある。

📋テスト得ダネ

n を整数とすると，
連続する2つの整数
は n，$n+1$，連続す
る2つの偶数は $2n$，
$2n+2$

【式の活用④】

❶❷ 右の図のように，1辺が a cm の正方形 ABCD
☐ と，1辺が b cm の正方形 ECFG，HEGI が
あります。

このとき，BF の長さを1辺とする正方形の
面積から2つの正方形 ABCD と ECFG の面
積の和をひいた差は，長方形 JBCH の面積に等しくなります。
このことを証明しなさい。

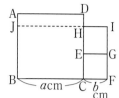

💡ヒント

❶❷
BF を1辺とする正方
形の面積は，
$(a+b)^2$ cm² である。

【式の活用⑤】

❶❸ 右の図のように，半径 10 cm の円 O があり
☐ ます。円 O の直径を AB とし，AB 上に点 C
をとり，AC，BC を直径とする半円 P，Q を
図のようにつくります。

AP を x cm とするとき，斜線の部分の面積
を x で表しなさい。

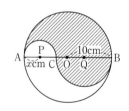

❶❸
円 Q の直径は，
AB－AC
$=(20-2x)$ cm

Step 3 予想テスト ┇ 1章 式の計算

30分　目標 80点

❶ 次の計算をしなさい。知　18点(各3点)

☐(1)　$3x(2x-3)$

☐(2)　$(8x^2-20xy)\div(-4x)$

☐(3)　$(2x-3y+6)\times 6x$

☐(4)　$(3x^2y-6xy^2)\div\dfrac{3}{2}xy$

☐(5)　$(4x+12y+6)\times\dfrac{3}{2}x$

☐(6)　$(12x^2y+8xy^2-4xy)\div\dfrac{2}{3}x$

❷ 次の式を展開しなさい。知　18点(各3点)

☐(1)　$(x+2)(x-7)$

☐(2)　$(x+4)^2$

☐(3)　$(3x-5)^2$

☐(4)　$\left(x-\dfrac{1}{4}\right)^2$

☐(5)　$(x-3+y)(x+3+y)$

☐(6)　$(x+1)(x-3)+(x+2)^2$

❸ 次の式を因数分解しなさい。知　18点(各3点)

☐(1)　$x^2+4x-32$

☐(2)　$x^2+16x+64$

☐(3)　$49x^2-y^2$

☐(4)　$3x^2-12x-63$

☐(5)　$(x+3)^2-6(x+3)+8$

☐(6)　$x-3-2xy+6y$

❹ 次の式を，工夫して計算しなさい。知　6点(各3点)

☐(1)　31×49

☐(2)　103^2

❺ 連続する 3 つの整数の真ん中の数の 2 乗から 1 をひいた数は，他の 2 つの整数の積に等しくなります。このことを証明しなさい。 <kbd>考</kbd>

20 点(完答)

❻ 右の図のように，正方形 ABCD の辺 BC 上に点 E をとり，BE，EC を 1 辺とする正方形をつくります。BE，EC をそれぞれ a cm，b cm とするとき，図の色のついた部分の面積は，a cm，b cm の辺を 2 辺とする長方形の面積の 2 倍になります。このことを証明しなさい。 <kbd>考</kbd>

20 点(完答)

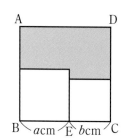

❶	(1)	(2)	(3)
	(4)	(5)	(6)
❷	(1)	(2)	(3)
	(4)	(5)	(6)
❸	(1)	(2)	(3)
	(4)	(5)	(6)

❹	(1)	(2)

❺		❻	

Step 1 基本チェック 1節 平方根

15分

教科書のたしかめ [ ]に入るものを答えよう！

❶ 2乗すると a になる数 ▶ 教 p.50-54 Step 2 ❶-❻

解答欄

□(1) 9 の平方根は，[3]と[−3]

(1) ____ / ____

□(2) $\dfrac{1}{4}$ の平方根は $\left[\ \dfrac{1}{2}\ \right]$ と $\left[\ -\dfrac{1}{2}\ \right]$

(2) ____ / ____

□(3) $\sqrt{9}=[\ 3\ ]$，$-\sqrt{(-3)^2}=[\ -3\ ]$，$(\sqrt{9})^2=[\ 9\ ]$

$\sqrt{\dfrac{4}{9}}=\left[\ \dfrac{2}{3}\ \right]$，$\sqrt{0.25}=[\ 0.5\ ]$，$\sqrt{1.21}=[\ 1.1\ ]$

(3) ____ / ____ / ____

(3) ____ / ____ / ____

□(4) $\sqrt{13}$ と $\sqrt{17}$ の大小は，$13<17$ だから，$\sqrt{13}\,[\ <\ ]\,\sqrt{17}$

(4) ____ / ____

□(5) -2 と $-\sqrt{5}$ の大小は，$-2=-\sqrt{4}$ で，$4<[\ 5\ ]$ だから，

$-2\,[\ >\ ]\,-\sqrt{5}$

(5) ____ / ____

❷ 有理数と無理数 ▶ 教 p.55-56 Step 2 ❼

□(6) 数は[有理数]と[無理数]に分類できる。

(6) ____ / ____

□(7) $\sqrt{0.4}$，$-\sqrt{0.09}$，$\sqrt{36}$，$\sqrt{\dfrac{49}{10}}$ のうち，有理数は$[\ -\sqrt{0.09}\ ]$ と

$[\ \sqrt{36}\ ]$ で，無理数は$[\ \sqrt{0.4}\ ]$ と $\left[\ \sqrt{\dfrac{49}{10}}\ \right]$ である。

(7) ____ / ____

(7) ____ / ____

□(8) $\dfrac{1}{4}$ は小数で表すと[有限]小数になる。

(8) ____ / ____

□(9) $\dfrac{3}{11}$ や $\sqrt{7}$ は小数で表すと[無限]小数になる。

(9) ____ / ____

教科書のまとめ ＿＿＿に入るものを答えよう！

□ 2乗すると a になる数を，a の 平方根 という。すなわち，$x^2=a$ にあてはまる x の値であり，正 の数と 負 の数の2つがある。

□ 記号 $\sqrt{}$ を根号といい，$\sqrt{a}$ を「ルート a」と読む。

□ 正の数 a の2つの平方根 $\sqrt{a}$ と $-\sqrt{a}$ を，まとめて $\pm\sqrt{a}$ と表すことがある。

□ $(\sqrt{a})^2=a$，$(-\sqrt{a})^2=a$

□ $a>0$，$b>0$ のとき，$a<b$ ならば $\sqrt{a}\ \leq\ \sqrt{b}$

□ 分数で表すことのできる数を 有理数 といい，分数で表すことのできない数を 無理数 という。終わりのある小数を 有限小数 といい，終わりのない小数を 無限小数 という。

□ 無限小数のうち，$0.777\cdots\cdots$ や $0.714285714285\cdots\cdots$ のようにある位からいくつかの数字が同じ順序で繰り返し現れるものを 循環小数 という。

□ 無理数 は循環しない無限小数である。

Step 2 予想問題 ・ **1節 平方根**

1ページ
30分

2章

【平方根】

❶ 次の □ をうめなさい。ただし，数は正のほうから書きなさい。

☐(1) 2 乗すると 25 になる数は □ と □ であるから，

　　25 の平方根は □ と □ である。

☐(2) 2 乗すると 121 になる数は □ と □ であるから，

　　121 の平方根は □ と □ である。

☐(3) 2 乗すると 0.09 になる数は □ と □ であるから，

　　0.09 の平方根は □ と □ である。

☐(4) 2 乗すると $\dfrac{25}{81}$ になる数は □ と □ であるから，

　　$\dfrac{25}{81}$ の平方根は □ と □ である。

【根号を使った平方根①】

よく出る

❷ 次の数の平方根を，根号を使って表しなさい。

☐(1) 11　　　　　　　　　☐(2) 14

　　　　　（　　　　　　）　　　　　　　（　　　　　　）

☐(3) 0.1　　　　　　　　☐(4) $\dfrac{3}{7}$

　　　　　（　　　　　　）　　　　　　　（　　　　　　）

【根号を使った平方根②】

❸ 次の条件に合う値を，根号を用いて表しなさい。

☐(1) 面積が $5\ \text{cm}^2$ の正方形の 1 辺の長さ

　　　　　　　　　　　　　　　　（　　　　　　）

☐(2) 面積が $7\pi\ \text{cm}^2$ の円の半径

　　　　　　　　　　　　　　　　（　　　　　　）

☐(3) 面積が $17\pi\ \text{cm}^2$ の円の周の長さ

　　　　　　　　　　　　　　　　（　　　　　　）

💡ヒント

❶
$25=5^2$,
$121=11^2$

📋**テスト得ダネ**
$0.1^2=0.01$
$1^2=1$

✕ **ミスに注意**
1 未満の正の数は 2
乗すると小さくなる。

❷
a の平方根は
$\sqrt{a}$ と $-\sqrt{a}$ の 2 つ

❸
正方形の面積は
（1辺）×（1辺）
半径が r の円の面積は
πr^2

【根号を使わない平方根】

❹ 次の数を，根号を使わないで表しなさい。

□(1) $\sqrt{49}$

(　　　　　　　)

□(2) $-\sqrt{169}$

(　　　　　　　)

□(3) $\sqrt{\dfrac{1}{16}}$

(　　　　　　　)

□(4) $(\sqrt{8})^2$

(　　　　　　　)

□(5) $(-\sqrt{(-3)^2})^2$

(　　　　　　　)

□(6) $\sqrt{0.04}$

(　　　　　　　)

【平方根の大小①】

❺ 次の各組の数の大小を，不等号を使って表しなさい。

□(1) $\sqrt{17}$，$\sqrt{21}$

(　　　　　　　)

□(2) 7，$\sqrt{47}$

(　　　　　　　)

□(3) $-\sqrt{18}$，$-\sqrt{23}$

(　　　　　　　)

□(4) $-\sqrt{30}$，-5

(　　　　　　　)

□(5) $\sqrt{0.3}$，$\sqrt{0.4}$

(　　　　　　　)

□(6) $-\sqrt{0.01}$，-0.02

(　　　　　　　)

【平方根の大小②】

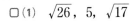

❻ 次の各組の数の大小を，不等号を使って表しなさい。

□(1) $\sqrt{26}$，5，$\sqrt{17}$

(　　　　　　　)

□(2) $-\sqrt{26}$，-5，$-\sqrt{17}$

(　　　　　　　)

□(3) $-\sqrt{13}$，$-\sqrt{11}$，0

(　　　　　　　)

【有理数と無理数】

❼ 次の数を，有理数と無理数に分けなさい。

□ $\sqrt{121}$，$-\sqrt{8}$，$\sqrt{0.0004}$，$\sqrt{\dfrac{81}{1000}}$

有理数(　　　　　　　)

無理数(　　　　　　　)

💡ヒント

❹
$(\sqrt{a})^2 = a$
$(-\sqrt{a})^2 = a$

❌ミスに注意
49 の平方根は ±7 であるが，$\sqrt{49}$ は ±7 ではないことに注意！

❺
根号内の数の大きいほうが大きい。
根号のついていない数は，根号のついた数になおす。

❻
根号のついた数の大小は，根号内の数を比較することでわかる。
$a>0$，$b>0$ で
$a>b$ のとき
$\sqrt{a} > \sqrt{b}$

❼
根号内の数がある数の2乗になっている数は有理数である。
$a>0$ のとき，
$\sqrt{a^2} = a$

[解答▶p.6]

Step 1 基本チェック

2節 平方根の計算
3節 平方根の活用

15分

教科書のたしかめ　[ ]に入るものを答えよう！

2節 ❶ 平方根の乗法，除法 ▶教 p.58-62　Step 2 ❶-❻

□(1) $\sqrt{3} \times \sqrt{5} = [\ \sqrt{15}\ ]$

□(2) $\sqrt{15} \div \sqrt{3} = \sqrt{\left[\ \dfrac{15}{3}\ \right]} = [\ \sqrt{5}\ ]$

□(3) $3\sqrt{2} = \sqrt{[\ 9\ ]} \times \sqrt{2} = [\ \sqrt{18}\ ]$

□(4) $\sqrt{28} = \sqrt{[\ 2\ ]^2 \times 7} = [\ 2\sqrt{7}\ ]$

□(5) $\sqrt{15} \times \sqrt{5} = ([\ \sqrt{3}\ ] \times \sqrt{5}) \times \sqrt{5} = [\ \sqrt{3}\ ] \times 5 = [\ 5\sqrt{3}\ ]$

□(6) $\sqrt{3} = 1.73205$ とするとき，$\dfrac{1}{\sqrt{3}} = \left[\ \dfrac{\sqrt{3}}{3}\ \right] = 1.73205 \div [\ 3\ ]$
$= [\ 0.57735\ ]$

2節 ❷ 平方根の加法，減法 ▶教 p.63-64　Step 2 ❼

□(7) $3\sqrt{7} + 5\sqrt{7} = [\ 8\ ]\sqrt{7}$

□(8) $5\sqrt{11} - 3\sqrt{11} = [\ 2\ ]\sqrt{11}$

□(9) $\sqrt{12} + \sqrt{27} + \sqrt{48} = [\ 2\ ]\sqrt{3} + [\ 3\ ]\sqrt{3} + [\ 4\ ]\sqrt{3}$
$= [\ 9\sqrt{3}\ ]$

□(10) $3\sqrt{6} - \dfrac{12}{\sqrt{6}} = 3\sqrt{6} - \dfrac{[\ 12\sqrt{6}\ ]}{6} = 3\sqrt{6} - [\ 2\ ]\sqrt{6} = [\ \sqrt{6}\ ]$

2節 ❸ 平方根のいろいろな計算 ▶教 p.65-66　Step 2 ❽❾

□(11) $(\sqrt{3} + 2)(\sqrt{3} - 1) = ([\ \sqrt{3}\ ])^2 + (2-1)\sqrt{3} - 2 = [\ 1+\sqrt{3}\ ]$

□(12) $(\sqrt{3} + 2)^2 = (\sqrt{3})^2 + [\ 4\sqrt{3}\ ] + 4 = [\ 7+4\sqrt{3}\ ]$

□(13) $(\sqrt{5} + 2)(\sqrt{5} - 2) = ([\ \sqrt{5}\ ])^2 - 4 = [\ 1\ ]$

3節 ❶ 平方根の活用，近似値と有効数字 ▶教 p.68-73　Step 2 ❿⓫

解答欄

(1)
(2)
(3)
(4)
(5)
(6)

(7)
(8)
(9)

(10)

(11)
(12)
(13)

教科書のまとめ　＿＿に入るものを答えよう！

□ $a>0$，$b>0$ のとき，$\sqrt{a} \times \sqrt{b} = \underline{\sqrt{ab}}$，$\dfrac{\sqrt{a}}{\sqrt{b}} = \underline{\sqrt{\dfrac{a}{b}}}$，$a\sqrt{b} = \underline{\sqrt{a^2 b}}$

□ 分母に根号をふくまない形に直すことを，分母を 有理化 するという。

□ $m\sqrt{a} + n\sqrt{a} = \underline{(m+n)}\sqrt{a}$

□ $(\sqrt{3} + 2)(\sqrt{3} - 1)$ などの積は，乗法の公式 を利用して計算する。

□ 近似値から真の値をひいた差を 誤差 という。

□ 測定値として信頼できる数字を 有効数字 という。

Step 2　予想問題

2節 平方根の計算
3節 平方根の活用

1ページ
30分

【平方根の乗法】

❶ 次の計算をしなさい。

☐(1)　$\sqrt{2} \times \sqrt{7}$

☐(2)　$\sqrt{5} \times \sqrt{11}$

☐(3)　$\sqrt{3} \times \sqrt{27}$

☐(4)　$\sqrt{6} \times \sqrt{24}$

【平方根の除法】

❷ 次の計算をしなさい。

☐(1)　$\sqrt{45} \div \sqrt{3}$

☐(2)　$\sqrt{30} \div \sqrt{5}$

☐(3)　$\sqrt{28} \div \sqrt{7}$

☐(4)　$\sqrt{66} \div \sqrt{6}$

【$a\sqrt{b}$ の形】

❸ 次の数を，$a\sqrt{b}$ は $\sqrt{\mathrm{A}}$ の形にし，$\sqrt{\mathrm{A}}$ は $a\sqrt{b}$ の形にしなさい。

☐(1)　$2\sqrt{5}$

☐(2)　$7\sqrt{2}$

☐(3)　$\sqrt{48}$

☐(4)　$\sqrt{72}$

【根号のついた数の乗法や除法】

❹ 次の計算をしなさい。

☐(1)　$\sqrt{6} \times \sqrt{18}$

☐(2)　$\sqrt{24} \times \sqrt{15}$

☐(3)　$6\sqrt{21} \div 3\sqrt{3}$

☐(4)　$\sqrt{45} \times \sqrt{32} \div 2\sqrt{10}$

【分母の有理化】

よく出る

❺ 次の数の分母を有理化しなさい。

☐(1)　$\dfrac{1}{\sqrt{3}}$

☐(2)　$\dfrac{21}{\sqrt{7}}$

☐(3)　$\dfrac{\sqrt{3}}{\sqrt{5}}$

💡 ヒント

❶
$\sqrt{a} \times \sqrt{b} = \sqrt{ab}$
(3)$\sqrt{3} \times \sqrt{27}$
$= \sqrt{3} \times (\sqrt{3} \times \sqrt{9})$
として計算する。

❷
$\sqrt{a} \div \sqrt{b} = \dfrac{\sqrt{a}}{\sqrt{b}}$
$= \sqrt{\dfrac{a}{b}}$

❸
$a\sqrt{b} = \sqrt{a^2 b}$
$\sqrt{a^2 b} = a\sqrt{b}$
(3)，(4)$\sqrt{\ \ }$ の中の数を
素因数分解してみる
とよい。

❹
$\sqrt{a^2 b} = a\sqrt{b}$ の変形
を使って計算する。

❌ ミスに注意
答えの $\sqrt{\ \ }$ の中の
数はできるだけ簡単
にすること。

❺
分母が整数になるよう
に，分母と分子に同じ
数をかける。

[解答 ▶ p.6-7]

【根号のついた数の近似値】

6 $\sqrt{2}=1.414$, $\sqrt{20}=4.472$ として，次の数の値を求めなさい。

- □(1) $\sqrt{2000}$　　□(2) $\sqrt{200}$　　□(3) $\sqrt{0.2}$　　□(4) $\sqrt{0.02}$

【平方根の加法，減法】

7 次の計算をしなさい。

- □(1) $4\sqrt{2}+5\sqrt{2}$　　　　　　□(2) $-8\sqrt{5}+2\sqrt{5}$

- □(3) $5\sqrt{2}+\sqrt{6}-3\sqrt{2}$　　　　□(4) $-\sqrt{8}+3\sqrt{3}+\sqrt{32}$

- □(5) $\sqrt{5}+\dfrac{10}{\sqrt{5}}-3\sqrt{5}$　　　　□(6) $\sqrt{3}+\sqrt{54}-\dfrac{24}{\sqrt{6}}$

【平方根のいろいろな計算】

8 次の計算をしなさい。

- □(1) $\sqrt{2}(\sqrt{18}+\sqrt{3})$　　　　□(2) $(\sqrt{5}+4)(\sqrt{5}-2)$

- □(3) $(\sqrt{3}-\sqrt{10})^2$　　　　　□(4) $(\sqrt{7}+\sqrt{6})(\sqrt{7}-\sqrt{6})$

【式の値】

9 $x=\sqrt{3}-3$ のとき，次の式の値を求めなさい。

- □(1) x^2-9　　　　　　　□(2) x^2+6x+9

【平方根の活用】

10 A，B，C の 3 つの正方形があります。B の正方形の面積は 50 cm^2 です。A の正方形は，1 辺が B の正方形より 1 cm 長く，C の正方形は，1 辺が B の正方形より 1 cm 短くなっています。このとき，A の正方形の面積は C の正方形の面積より何 cm^2 大きいですか。

【近似値と有効数字】

11 四捨五入して次の近似値を得たとき，この近似値の誤差の絶対値は，最も大きい場合でどれだけですか。

- □(1) 7.4×10^2　　　　　　□(2) $5.3\times\dfrac{1}{10^3}$

🔆ヒント

❻
$\sqrt{2}\times○$,
$\sqrt{20}\times○$ の形にする。
(1) $\sqrt{2000}$
　$=\sqrt{20\times100}$
　$=\cdots\cdots$

❼
単項式の加法や減法と同じように考えて計算する。
(1) $\sqrt{2}$ を a とみると，
　$4a+5a=(4+5)a$
　　　　　$=9a$

❽
分配法則や乗法の公式を利用して計算する。

❾
与えられた式を因数分解してから x の値を代入すると，計算が簡単になる。

📋テスト得ダネ
式を簡単にしてから代入が鉄則！

❿
B の正方形の 1 辺を x cm とすると，A の正方形の 1 辺は $(x+1)$ cm で，C の正方形の 1 辺は $(x-1)$ cm である。

⓫
(誤差)
$=$(近似値)$-$(真の値)

Step 3 予想テスト　2章 平方根

30分　目標80点　/100点

❶ 次の□をうめなさい。知　8点(各2点)

☐(1)　47の平方根は□である。

☐(2)　81の平方根は□である。

☐(3)　$-\sqrt{16} = $□

☐(4)　$\sqrt{(-5)^2} = $□

❷ 次の各組の数の大小を，不等号を使って表しなさい。知　12点(各4点)

☐(1)　$8,\ \sqrt{63}$

☐(2)　$-5,\ -\sqrt{24}$

☐(3)　$4,\ 2\sqrt{3},\ 3\sqrt{2}$

❸ 次の計算をしなさい。知　36点(各3点)

☐(1)　$\sqrt{7} \times \sqrt{5}$

☐(2)　$2\sqrt{8} \times \sqrt{24}$

☐(3)　$\sqrt{27} \div \sqrt{3}$

☐(4)　$8\sqrt{7} \div 4\sqrt{28}$

☐(5)　$7\sqrt{11} + \sqrt{11}$

☐(6)　$5\sqrt{8} - 2\sqrt{3} - 4\sqrt{2}$

☐(7)　$\sqrt{18} - \sqrt{50}$

☐(8)　$\sqrt{2} + \sqrt{32} - \sqrt{50}$

☐(9)　$3\sqrt{27} + \dfrac{6}{\sqrt{3}}$

☐(10)　$\sqrt{3}(\sqrt{6} + 2\sqrt{3})$

☐(11)　$(\sqrt{6} - \sqrt{2})^2$

☐(12)　$(2\sqrt{5} - \sqrt{3})(2\sqrt{5} + \sqrt{3})$

❹ $x = \sqrt{5} - 3$ のとき，次の式の値を求めなさい。知　12点(各6点)

☐(1)　$x^2 + 5x + 6$

☐(2)　$x^2 - 9$

5 $\sqrt{3}$ の小数部分を a とするとき，$a(a-5)$ の値を求めなさい。 **考**　　　　6点
□

6 n を自然数とするとき，次の問いに答えなさい。 **考**　　　　10点(各5点)

□(1)　$\sqrt{28n}$ が自然数となる n の値のうち，最小のものを求めなさい。

□(2)　$6<\sqrt{28n}<12$ をみたす自然数 n の値をすべて求めなさい。

7 次の問いに答えなさい。 **考**　　　　10点(各5点)

□(1)　$15-a$ の平方根を考えることができる a の値の範囲を不等号を使って表しなさい。

□(2)　n を自然数とするとき，$\sqrt{15-n}$ が自然数となる n の値は何個ありますか。

8 ある山の標高をはかったら，1920 m になりました。次の(1)，(2)のとき，それぞれの有効数字を求めなさい。 **考**　　　　6点(各3点)

□(1)　10 m の位まではかった。

□(2)　1 m の位まではかった。

❶	(1)	(2)	(3)	(4)
❷	(1)	(2)	(3)	
❸	(1)	(2)	(3)	(4)
	(5)	(6)	(7)	(8)
	(9)	(10)	(11)	(12)
❹	(1)	(2)	❺	
❻	(1)		(2)	
❼	(1)		(2)	
❽	(1)		(2)	

Step 1　基本チェック

1 節　2 次方程式とその解き方
2 節　2 次方程式の活用

15分

教科書のたしかめ　[ ]に入るものを答えよう！

1 節 ❶ 2 次方程式とその解　▶ 教 p.82-83　Step 2 ❶❷

解答欄

☐ (1)　1，2，3，4 のうち，方程式 $x^2-5x+4=0$ の解は [1] と [4]

(1) ／

1 節 ❷ 因数分解による解き方　▶ 教 p.84-85　Step 2 ❸❹

☐ (2)　方程式 $(x+2)(x-3)=0$ の解は，[$x=-2$]，[$x=3$]

(2) ／

☐ (3)　方程式 $x^2+5x+6=0$ の解は，左辺を因数分解すると，
　　　　[$(x+2)(x+3)$]$=0$ となるから，[$x=-2$]，[$x=-3$]

(3)

☐ (4)　方程式 $x^2-6x+9=0$ の解は，左辺を因数分解すると，
　　　　[$(x-3)^2$]$=0$ となるから，$x=$[3]

(4)

1 節 ❸ 平方根の考えによる解き方　▶ 教 p.86-87　Step 2 ❺❻

☐ (5)　$(x+2)^2=3$ の解は，$x+2=$[$\pm\sqrt{3}$] より，$x=$[$-2\pm\sqrt{3}$]

(5) ／

1 節 ❹ 2 次方程式の解の公式　▶ 教 p.88-90　Step 2 ❼

☐ (6)　2 次方程式 $3x^2-7x+1=0$ を解の公式を使って解くと，

$$x=\frac{-(-7)\pm\sqrt{[\,(-7)^2-4\times3\times1\,]}}{2\times3}=\left[\frac{7\pm\sqrt{37}}{6}\right]$$

(6)

1 節 ❺ いろいろな 2 次方程式　▶ 教 p.91-92　Step 2 ❽❾

2 節 ❶ 2 次方程式の活用　▶ 教 p.94-97　Step 2 ❿-⓮

☐ (7)　大小 2 つの自然数があり，その差は 4 で，積が 21 であるとき，
　　　　小さいほうの自然数を x とすると，大きいほうの自然数は $x+4$
　　　　で，2 次方程式 $x(x+4)=21$ が成り立つ。これを解くと，$x=3$，
　　　　$x=$[-7]となるが，$x=$[-7]は問題に適していない。

(7)

教科書のまとめ　___ に入るものを答えよう！

☐ 移項して整理すると，（x の 2次式 ）$=0$ の形になる方程式を，x についての 2 次方程式という。
　2 次方程式を成り立たせる文字の値を，その 2 次方程式の 解 といい，その解をすべて求める
　ことを，その 2 次方程式を 解く という。

☐ $AB=0$ ならば $A=0$ または $B=0$ であるから，方程式 $(x-a)(x-b)=0$ の解は，
　$x-a=0$ または $x-b=0$ より $x=$ a または $x=$ b

☐ 解の公式…2 次方程式 $ax^2+bx+c=0$ の解は，$x=\dfrac{-b\pm\sqrt{b^2-4ac}}{2a}$

1節 2次方程式とその解き方
2節 2次方程式の活用

1ページ
30分

ヒント

【2次方程式】

❶ 次の式から2次方程式を選び，番号ですべて答えなさい。

① $2x^2-3x=1$ ② $x^2-3x=x^2+2x-1$ ③ $5x=x^2-3x$

（　　　　　　）

❶
移項したとき，
$(x の2次式)=0$
となるものを選ぶ。

【2次方程式の解】

❷ -3，-2，-1，0，1，2，3 のうち，2次方程式 $x^2-2x-3=0$ の解はどれですか。

（　　　　　　）

❷
2次方程式にそれぞれ
の数を代入し，成り立
つかどうかを調べる。

【因数分解による解き方①】

❸ 次の方程式を解きなさい。

□(1) $(x+3)(x-5)=0$　　　□(2) $x(5-x)=0$

❸
$AB=0$ ならば
$A=0$ または $B=0$
となることを使って解
く。

【因数分解による解き方②】

❹ 次の方程式を解きなさい。

□(1) $x^2-4x+3=0$　　　□(2) $x^2+5x-14=0$

□(3) $x^2-6x+9=0$　　　□(4) $x^2+10x+25=0$

□(5) $x^2-49=0$　　　□(6) $x^2-8x=0$

❹
次のそれぞれの公式を
使って，左辺を因数分
解する。
$x^2+(a+b)x+ab$
$=(x+a)(x+b)$
$x^2+2ax+a^2$
$=(x+a)^2$
$x^2-2ax+a^2$
$=(x-a)^2$
$x^2-a^2=(x+a)(x-a)$

【平方根の考えによる解き方①】

❺ 次の方程式を解きなさい。

□(1) $x^2-3=0$　　　□(2) $4x^2-5=0$

□(3) $(x+3)^2=5$　　　□(4) $(x-5)^2-48=0$

❺
(1)，(2) $x^2=▲$ の形に変
　形し，▲の平方根を
　求める。
(3)，(4) $(x+●)^2=▲$ の
　かっこの中をひとま
　とまりにみて，▲の
　平方根を求める。

【平方根の考えによる解き方②】

❻ 次の方程式を $(x+●)^2＝▲$ の形に変形して解きなさい。

☐(1)　$x^2-4x-5=0$　　　　　☐(2)　$x^2+6x+1=0$

【解の公式】

❼ 次の方程式を解きなさい。

☐(1)　$2x^2+3x-1=0$　　　　☐(2)　$4x^2-5x+1=0$

☐(3)　$3x^2-4x-5=0$　　　　☐(4)　$2x^2+6x+3=0$

【いろいろな 2 次方程式①】

❽ 次の方程式を解きなさい。

☐(1)　$5x^2+25x+30=0$　　　☐(2)　$2x^2-14x+24=0$

☐(3)　$-3x^2+12x+15=0$　　☐(4)　$3x^2-9x=0$

☐(5)　$\dfrac{1}{2}x^2-6x=0$　　　　　☐(6)　$\dfrac{1}{4}x^2-4=0$

【いろいろな 2 次方程式②】

❾ 次の方程式を解きなさい。

☐(1)　$(x-2)(x-3)=6$　　　☐(2)　$(x-4)(x+6)=-8x$

☐(3)　$(x-5)(x-7)=-23x+7$　☐(4)　$(x+1)(x-2)=-3x+13$

☐(5)　$(x+5)^2=7(x+5)$　　☐(6)　$x^2+(x+6)^2=18$

【2 次方程式の活用（数についての問題）①】

❿ 大小 2 つの自然数があります。その差は 5 で，積が 36 になります。
☐　この 2 つの自然数を求めなさい。

ヒント

❻
両辺に x の係数の $\dfrac{1}{2}$ の 2 乗を加えて，
$(x+●)^2＝▲$ の形に変形する。

❼
符号に注意して解の公式に代入する。

❽
x^2 の係数を 1 にしてから，左辺を因数分解する。

⊗｜ミスに注意
$x(x-1)=0$ ならば $x=0$ または $x=1$。
$x=0$ も解であることを忘れずに！

❾
移項して整理し，
　$(x$ の 2 次式$)=0$
の形にしてから，左辺を因数分解する。
(5)共通因数 $x+5$ に着目すると，式を展開しなくても簡単に解くことができる。

❿
小さい数を x とすると，大きい数は $x+5$

⊗｜ミスに注意
方程式の解が適しているかどうか確認！

【2次方程式の活用(数についての問題)②】

⑪ 連続する3つの整数があります。最も小さい数と最も大きい数の積の
3倍は，真ん中の数を2乗した数の2倍より61大きくなります。
このとき，連続する3つの整数を求めなさい。

（　　　　　　　　　　　）

⑪
真ん中の数を x とする
と，他の2つの数は
$x-1$，$x+1$ と表すこ
とができる。

テスト得ダネ
自然数か整数かで，
結果が異なることが
ある。

【2次方程式の活用(図形についての問題)③】

⑫ 大小2つの正方形があります。大きいほうの正方形の1辺は，小さ
いほうの正方形の1辺より4cm長いそうです。
2つの正方形の面積の和が40cm² のとき，大きい正方形の1辺の長
さを求めなさい。

（　　　　　　　　　　　）

⑫
求める大きい正方形の
1辺を x cm とおく。

テスト得ダネ
文章題では，何を x
とするかが問題を解
くときのポイント。

【2次方程式の活用(図形についての問題)④】

⑬ 図のように，縦が27m，横が40mの
長方形の土地に，同じ幅の道路を縦と横
に1本ずつつけて，残りを畑とします。
畑の面積を950m² にするには，道路の
幅を何mにすればよいですか。

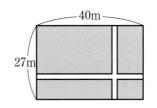

（　　　　　　　　　　　）

⑬
道路と畑の問題では，
道路を一方によせて，
1つの長方形にまとめ
て考えるとよい。道路
を一方によせても畑の
面積は変わらない。

【2次方程式の活用(図形の辺上を動く点の問題)⑤】

⑭ 右の図のような長方形ABCDで，点P
は辺AB上を秒速1cmでAからBまで
動きます。また，点Qは点PがAを出
発するのと同時にCを出発し，辺CD，
DA上を秒速3cmでC→D→Aと動きます。
△APQの面積が48cm² になるのは，点PがAを出発してから何秒
後かを求めなさい。

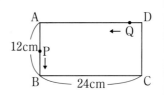

（　　　　　　　　　　　）

⑭
点Pと点Qの動く速
さが異なることに注意。
点QがCD上にある
場合と，DA上にある
場合とに分けて考える
必要がある。

ミスに注意
点QがDA上にある
とき，出発してから
t 秒後のAQの長さ
は，$(36-3t)$ cm に
なる。

Step 3 予想テスト　　**3章 2次方程式**

30分　目標 80点　／100点

❶ 次の方程式のうち，解の1つが3であるものをすべて選び，記号で答えなさい。**知**

8点（完答）

㋐ $x^2+3x=0$　　　㋑ $x^2-4x+3=0$　　　㋒ $(x+2)(x+3)=0$

㋓ $(x+3)^2=0$　　　㋔ $x^2+5x+6=0$　　　㋕ $x^2-x-6=0$

❷ 次の方程式を解きなさい。**知**

40点（各4点）

(1) $x^2+8x+7=0$

(2) $x^2-7x+10=0$

(3) $x^2+30x+225=0$

(4) $x^2+4x-12=0$

(5) $x^2=10x-16$

(6) $3x^2-12x+4=0$

(7) $5x^2-8x-2=0$

(8) $x^2=121$

(9) $2x^2-30x+112=0$

(10) $(x-1)(x+3)=32$

❸ 連続する3つの自然数があります。小さいほうの2つの数の積の2倍が大きいほうの2つの数の積に等しくなります。この3つの自然数を求めなさい。**考**

12点（完答）

❹ 縦の長さが横の長さの2倍である長方形があります。この長方形の縦を3m長くし，横を2m短くしたら，面積がもとの面積の半分より $14\,\mathrm{m}^2$ 大きくなりました。もとの長方形の面積を求めなさい。**考**

12点

❺ n 角形の対角線の本数は $\frac{n(n-3)}{2}$ で求めることができます。このとき，次の問いに答えなさい。知 考

12 点（(1) 5 点，(2) 7 点）

□(1) 八角形の対角線の本数を求めなさい。

□(2) 対角線の本数が 35 本ある多角形はどんな多角形ですか。

3章

❻ x についての 2 次方程式 $3x^2+ax-6=0$ の解の 1 つが $\frac{2}{3}$ であるとき，次の問いに答えなさい。知 考

16 点（各 8 点）

□(1) a の値を求めなさい。

□(2) もう 1 つの解を求めなさい。

❶			
❷	(1)	(2)	(3)
	(4)	(5)	(6)
	(7)	(8)	(9)
	(10)		
❸		❹	
❺	(1)	(2)	
❻	(1)	(2)	

❶ ／8点 ❷ ／40点 ❸ ／12点 ❹ ／12点 ❺ ／12点 ❻ ／16点

［解答▶p.12］

教科書のたしかめ　[ ]に入るものを答えよう！

1節 ❶ 関数 $y=ax^2$　▶ 教 p.106-107　Step 2 ❶❷

解答欄

□(1) 次の表で，y の値はいつでも x^2 の[3倍]になっているから，x
と y の関係は，[$y=3x^2$]という式で表すことができる。

x	-3	-2	-1	0	1	2	3	4
x^2	9	4	1	0	1	4	9	16
y	27	[12]	[3]	[0]	[3]	[12]	27	48

(1) _____

1節 ❷ 関数 $y=ax^2$ のグラフ　▶ 教 p.108-114　Step 2 ❸❹

□(2) 右の(1)，(2)のグラフは関数 $y=ax^2$ の
グラフである。

$a=2$ のときのグラフは[(1)]

$a=\dfrac{1}{2}$ のときのグラフは[(2)]

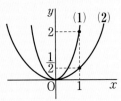

(2) _____

1節 ❸ 関数 $y=ax^2$ の値の変化　▶ 教 p.115-120　Step 2 ❺-❼

□(3) 関数 $y=ax^2$ で，$a>0$ のとき，$x=0$ で y は最小の値[0]をとる。
$a<0$ のとき，$x=0$ で y は最大の値[0]をとる。

(3) _____

□(4) $y=2x^2$ の $-1 \leqq x \leqq 2$ における y の変域は[$0 \leqq y \leqq 8$]である。

(4) _____

□(5) $y=4x^2$ で，x の値が1から3まで増加するときの変化の割合は
$$\dfrac{4 \times [\ 3\ ]^2 - 4 \times [\ 1\ ]^2}{3-1} = [\ 16\ ]$$

(5) _____

2節 ❶ 関数 $y=ax^2$ の活用　▶ 教 p.122-126　Step 2 ❽❾

3節 ❶ いろいろな関数　▶ 教 p.127-128　Step 2 ❿

教科書のまとめ　＿＿に入るものを答えよう！

□ y が x の関数で，$y=ax^2$（a は0でない定数）という式で表されるとき，y は x の2乗に
<u>比例する</u> という。

□ 関数 $y=ax^2$ のグラフは，<u>原点</u> を通り，y 軸について対称な<ruby>放物線<rt>ほうぶつせん</rt></ruby>である。

　$a>0$ のとき，<u>上</u> に開いた放物線で，原点以外の放物線上の点は x 軸の <u>上</u> 側にある。

　$a<0$ のとき，<u>下</u> に開いた放物線で，原点以外の放物線上の点は x 軸の <u>下</u> 側にある。

□ 放物線の対称の軸を放物線の <u>軸</u> といい，放物線とその軸との交点を <u>頂点</u> という。

□ 関数 $y=ax^2$ のグラフは，a の <u>絶対値</u> が大きいほど，グラフの開き方は <u>小さく</u> なる。

Step 2 予想問題

1節 関数 $y=ax^2$
2節 関数 $y=ax^2$ の活用
3節 いろいろな関数

1ページ
30分

4章

【関数 $y=ax^2$ ①】

❶ 関数 $y=-2x^2$ について，次の問いに答えなさい。

□(1) 次の表を完成しなさい。

x	0	1	2	3	4	5	6
x^2	0						
y	0						

□(2) x の値が 2 倍，3 倍，4 倍，……になると，対応する x^2 の値はどのように変化しますか。

( )

□(3) x^2 の値が 4 倍，9 倍，16 倍，……になると，対応する y の値はどのように変化しますか。

( )

❶
(2)たとえば，x の値が 1，2，3，4 のときの x^2 の値を考える。
(3)たとえば，x^2 の値が 1，4，9，16 のときの y の値を考える。

【関数 $y=ax^2$ ②】

❷ 次の問いに答えなさい。

□(1) y は x の 2 乗に比例し，$x=6$ のとき $y=6$ である。このとき，y を x の式で表しなさい。また，$x=-2$ のときの y の値を求めなさい。

(，)

□(2) y は x の 2 乗に比例し，$x=-3$ のとき $y=27$ である。このとき，y を x の式で表しなさい。また，$x=2$ のときの y の値を求めなさい。

(，)

❷
求める関数の式を $y=ax^2$ とおいて，その式に x，y の値を代入し，a の値を求める。y の値は，求めた式に x の値を代入して求める。

【関数 $y=ax^2$ のグラフ①】

❸ 右の図に，関数 $y=\dfrac{1}{4}x^2$ のグラフをかきなさい。

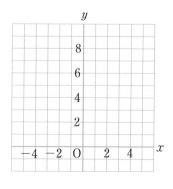

❸
まず，x の値が 0，2，4，6 のときの y の値を求め，グラフの概形がどのようになるか考える。

【関数 $y=ax^2$ のグラフ②】

❹ 次の(1)〜(3)にあてはまる関数を，それぞれ下の枠の中からすべて選び，記号で答えなさい。

□(1)　グラフが下に開いた放物線である。

（　　　　　）

□(2)　グラフの開き方が $y=x^2$ のグラフより大きい。

（　　　　　）

□(3)　グラフが $y=\dfrac{1}{2}x^2$ のグラフと x 軸について対称である。

（　　　　　）

(ア)　$y=-x^2$ 　　(イ)　$y=2x^2$ 　　(ウ)　$y=-2x^2$

(エ)　$y=-4x^2$ 　　(オ)　$y=5x^2$ 　　(カ)　$y=1.5x^2$

(キ)　$y=\dfrac{1}{3}x^2$ 　　(ク)　$y=-\dfrac{3}{2}x^2$ 　　(ケ)　$y=-\dfrac{1}{2}x^2$

【変域とグラフ①】

❺ 関数 $y=4x^2$ で，x の変域が次の場合の y の変域を求めなさい。

□(1)　$x\leqq0$ 　　　　　　　　□(2)　$1\leqq x\leqq4$

（　　　　　）　　　　　　　　（　　　　　）

□(3)　$-2\leqq x\leqq2$

（　　　　　）

【変域とグラフ②】

❻ 関数 $y=ax^2$ について，次の問いに答えなさい。

□(1)　x の変域が $-4\leqq x\leqq2$ のとき，y の変域が $-8\leqq y\leqq0$ となる場合の a の値を求めなさい。

（　　　　　）

□(2)　a の値が(1)のとき，$1\leqq x\leqq3$ における y の変域を求めなさい。

（　　　　　）

【変化の割合】

❼ 関数 $y=-4x^2$ で，x の値が次の(1)，(2)のように増加するときの変化の割合を求めなさい。

□(1)　3 から 6 まで 　　　　　□(2)　-4 から -1 まで

（　　　　　）　　　　　　　　（　　　　　）

💡ヒント

❹
(1)グラフが下に開いた放物線→ $y=ax^2$ で $a<0$

(2)グラフの開き方が $y=x^2$ のグラフより大きい→ $y=ax^2$ で $-1<a<1$

(3)$y=ax^2$ のグラフと x 軸について対称なグラフは $y=-ax^2$ のグラフ。

❺
グラフをかいて考える。

❌│ミスに注意

x の変域が負の数から正の数の範囲にあるとき，$y=0$ が最小の値，または最大の値になる。

❻
(1)y の変域から，グラフは下に開いた放物線であること，すなわち $a<0$ であることがわかる。

❼
変化の割合は，
$\dfrac{（y の増加量）}{（x の増加量）}$

【関数 $y=ax^2$ の活用①】

❽ 電車が走るまっすぐな線路と，それに平行な道路があります。

電車が駅を出発してから x 秒間に進む距離を y m とすると，x の変域が $0 \leqq x \leqq 90$ のとき，$y=ax^2$ という関係が成り立ち，グラフは右の図のようになります。

いま，電車が駅を発車すると同時に，電車と同じ方向にバスが駅の横を通過しました。

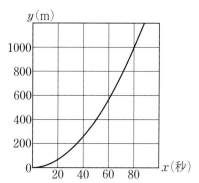

バスは秒速 10 m で走っているとして，次の問いに答えなさい。

☐(1)　a の値を求めなさい。　　　　　　　　（　　　　　）

☐(2)　バスが駅の横を通過してから x 秒間に進む距離を y m として，x と y の関係を式で表し，グラフを右上の図にかきなさい。

（式：　　　　　　）

❽
(1)グラフで，$x=80$ のとき $y=1000$ だから，この値を $y=ax^2$ に代入する。

🔲テスト得ダネ
グラフから式を読み取るときは，x, y の値が整数である点に着目する。

【関数 $y=ax^2$ の活用②】

❾ 右の図のように縦 4 cm，横 12 cm の長方形 ABCD で，点 P，Q は同時に頂点 B を出発して，P は秒速 1 cm で辺 BA 上を A まで動き，Q は秒速 3 cm で辺 BC 上を C まで動きます。点 P，Q が動き出してから x 秒後の △BPQ の面積を y cm^2 として，次の問いに答えなさい。

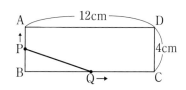

☐(1)　x の変域を求めなさい。　　　　（　　　　　）

☐(2)　x と y の関係を式で表しなさい。　　（　　　　　）

☐(3)　△BPQ の面積が長方形 ABCD の面積の 4 分の 1 になるのは何秒後ですか。

（　　　　　）

❾
(1)P が A に到着すると同時に Q は C に到着する。
(2)三角形の面積を求める公式を使う。
(3)△BPQ の面積が
$4 \times 12 \div 4 = 12$(cm^2)
になるとき。

【いろいろな関数】

❿ 右の図は，定形外郵便料金を表したグラフで，重さ x g のときの料金 y 円を示しています。次の重さのときの料金を求めなさい。

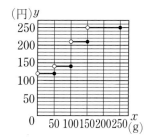

☐(1)　40 g　　　　☐(2)　100 g

（　　　　）　　（　　　　）

❿
グラフで，端の点をふくむ場合は●，ふくまない場合は○を使っている。

Step 3 予想テスト **4章 関数 $y=ax^2$**

30分 | 目標 80点 | ／100点

❶ 下の㋐〜㋒の表の中から，y が x の2乗に比例するものには○，比例しないものには×をつけなさい。また，比例するものについて，y を x の式で表しなさい。知

10点〈(選び出しに4点)(完答)，(式に6点)(完答)〉

㋐

x	……	-3	-2	-1	0	1	2	3	……
y	……	-9	-6	-3	0	3	6	9	……

㋑

x	……	-3	-2	-1	0	1	2	3	……
y	……	-27	-12	-3	0	-3	-12	-27	……

㋒

x	……	-3	-2	-1	0	1	2	3	……
y	……	3	$\frac{4}{3}$	$\frac{1}{3}$	0	$\frac{1}{3}$	$\frac{4}{3}$	3	……

❷ 次の関数(1)，(2)のグラフは，それぞれ下のことがら㋐〜㋖のどれをみたしていますか。記号ですべて答えなさい。知

20点(各10点，各完答)

(1) $y=3x^2$ 　　　　　(2) $y=-3x^2$

> ㋐ 放物線である。　　　　　㋑ 下に開いている。
> ㋒ y に最小の値がある。　　㋓ y 軸について対称である。
> ㋔ 原点が頂点になる。　　　　㋕ $y \leqq 0$ である。
> ㋖ $x>0$ では，変化の割合が負の数になる。

❸ 次の問いに答えなさい。知

16点(各8点)

(1) y は x の2乗に比例し，$x=2$ のとき $y=20$ です。このとき，y を x の式で表しなさい。

(2) y は x の2乗に比例し，$x=-1$ のとき $y=-5$ です。$x=3$ のときの y の値を求めなさい。

❹ 次の問いに答えなさい。知

16点(各8点)

(1) $y=3x^2$ で，x の変域が $-2 \leqq x \leqq 3$ のときの y の変域を求めなさい。

(2) $y=ax^2$ で，x の変域が $-2 \leqq x \leqq 3$ のとき，y の変域が $-18 \leqq y \leqq 0$ となります。このときの a の値を求めなさい。

❺ 関数 $y=-\dfrac{1}{2}x^2$ で，x の値が2から6まで増加するときの変化の割合を求めなさい。知

8点

❻ 斜面を転がるボールがあります。転がり始めてから x 秒間に転がる距離を y m とすると，$y=3x^2$ という関係があります。3秒後から5秒後までの間の平均の速さを求めなさい。【知】

8点

❼ 右の図のような長方形の辺上を点 A から点 C まで毎秒 1 cm の速さで動く点 P，Q があります。点 P は A→B→C，点 Q は A→D→C のように動きます。このとき，次の問いに答えなさい。【知】【考】　　　22点((1)6点，(2)〈式〉8点，〈グラフ〉8点)

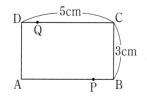

(1) 7秒後の △APQ の面積を求めなさい。

(2) $0 \leqq x \leqq 5$ の範囲で，x 秒後の △APQ の面積を y cm² として，x の変域を示して y を x の式で表しなさい。また，そのグラフをかきなさい。

❶	(ア)[　　] 式：	
	(イ)[　　] 式：	
	(ウ)[　　] 式：	
❷	(1)	(2)
❸	(1)	(2)
❹	(1)	(2)
❺		❻
❼	(1)　　[式]　(2)	［グラフ］

［グラフ］ $y\,(\mathrm{cm}^2)$

7 6 5 4 3 2 1

O 1 2 3 4 5 x(秒)

Step 1 基本チェック · 1節 相似な図形

15分

教科書のたしかめ　[　]に入るものを答えよう！

❶ 相似な図形　▶教 p.138-141　Step 2 ❶-❷

解答欄

□(1)　△ABC と △DEF が相似であることを △ABC[∽]△DEF と表す。
このとき，対応する頂点は[同じ順]に書く。

(1)

□(2)　相似な図形で，対応する線分の長さの比を[相似比]という。

(2)

□(3)　△ABC∽△DEF で，AB：DE＝1：2のとき，△ABC と △DEF
の相似比は[1：2]である。

(3)

□(4)　合同な図形は，その相似比が[1：1]である。

(4)

❷ 三角形の相似条件　▶教 p.142-144　Step 2 ❸

□(5)　2つの三角形は，次のどれかが成り立つとき相似である。

(5)

　① 3組の[辺の比]がすべて等しい。

　② 2組の[辺の比]が等しく，[その間の角]が等しい。

　③ [2組の角]がそれぞれ等しい。

❸ 三角形の相似条件と証明　▶教 p.145-148　Step 2 ❹-❼

□(6)　2つの三角形が相似であることを証明するには，[辺]や
[角]に着目し，どの[相似条件]が使えるか考える。

(6)

□(7)　右の図の △ABC と △AED で，

(7)

　　AB：AE＝[6]：3＝[2：1]

　　AC：AD＝[8]：4＝[2：1]

　　したがって，AB：AE＝[AC：AD]

　　共通な角だから，∠BAC＝∠EAD

　　よって，[2組の辺の比]が等しく，その間の[角]が等しいから，

　△ABC[∽]△AED

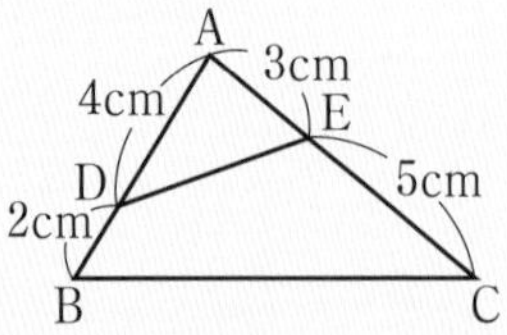

教科書のまとめ　＿＿に入るものを答えよう！

□ ある図形を拡大または縮小した図形と，もとの図形とは 相似 であるという。

□ 相似な図形では，① 対応する線分の長さの比は すべて 等しい。

　　　　　　　　② 対応する 角 の大きさはそれぞれ等しい。

□ 2つの三角形は，次のどれかが成り立つとき相似である。

　① 3組の辺の比 がすべて等しい。

　② 2組の辺の比 が等しく，その間の角 が等しい。

　③ 2組の角 がそれぞれ等しい。

Step 2 予想問題 ┊ **1節 相似な図形**

1ページ
30分

【相似な図形①】

❶ 次の図の3つの三角形 △ABC，△DEF，△GHI は相似です。a，b，c，d の値を求めなさい。

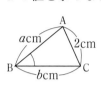 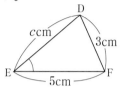 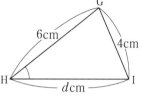

(　　　　　　　　　　　)

❶
2つずつの三角形で調べる。
比例式の性質の
$a:b=c:d$ ならば
$ad=bc$ を使う。

【相似な図形②】

❷ 下の図で，四角形 ABCD ∽ 四角形 A′B′C′D′ のとき，次の問いに答えなさい。

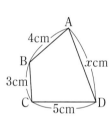 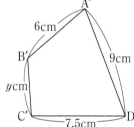

(1) 相似比を簡単な整数の比で表しなさい。 (　　　　　　　　)

(2) x，y の値を求めなさい。 (　　　　　　　　)

❷
(1)相似比は，対応する辺の長さの比である。
(2)比例式をつくって x，y の値を求める。

【三角形の相似条件】

❸ 下の図で，相似な三角形が2組あります。記号 ∽ を使って表しなさい。また，そのときに使った相似条件を述べなさい。

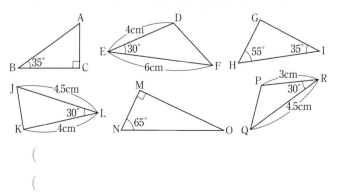

(　　　　　　　　　　　　　　)

(　　　　　　　　　　　　　　)

❸
三角形の内角の和が 180° であることに注意し，残りの角を求めて，相似になっているかどうかを調べる。

【三角形の相似条件と証明①】

❹ △ABC の頂点 B，C から対辺 AC，AB に垂線 BD，CE をひくと，△ABD∽△ACE となることを証明しなさい。

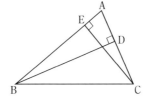

❹
△ABD と △ACE は直角三角形だから，直角以外のどの角が等しいかを考える。

【三角形の相似条件と証明②】

❺ 頂点 A を共有する 2 つの三角形，△ABC と △ADE が右の図の位置にあります。
△ABC∽△ADE のとき，△ABD∽△ACE を証明しなさい。

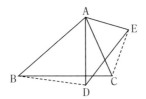

❺
点 A のまわりの角に着目する。
∠BAC＝∠DAE で，∠BAD，∠CAE は，同じ大きさの角から∠DAC をひいた角である。

【三角形の相似条件と証明③】

❻ △ABC の辺 AB，AC 上に点 D，E をそれぞれ ∠BDC＝∠BEC となるようにとります。次の問いに答えなさい。

□(1)　△ABE∽△ACD を証明しなさい。

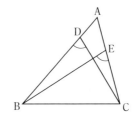

❻
(1)長さについての条件はないから，等しい 2 組の角を考える。

📄 テスト得ダネ

相似を証明するとき，長さの関係が条件になければ，角の関係を考えよう。

□(2)　AD＝4 cm，AE＝5 cm，CE＝8.2 cm として，線分 BD の長さを求めなさい。

(　　　　　　　　)

【相似な図形のかき方】

❼ 下の図に，点 O を相似の中心として △ABC を 2 倍に拡大した △A′B′C′ をかきなさい。

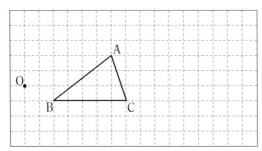

❼
OA′＝2OA，
OB′＝2OB，
OC′＝2OC
となるように点 A′，B′，C′ をとる。

[解答 ▶ p.16-17]

Step 1 基本チェック ： 2節 平行線と線分の比

15分

教科書のたしかめ　[ ]に入るものを答えよう！

❶ 三角形と比　▶教 p.150-156　Step 2 ❶-❹

解答欄

□(1)　右の図で，DE∥BC ならば

　　　AD：AB＝AE：[AC]

　　　　　　　＝DE：[BC]

　　　x，y の値は，6：9＝8：x より，

　　　x＝[12]，また，6：9＝10：y

　　　より，y＝[15]

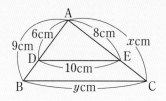

(1)

□(2)　右の図で，DE∥BC ならば

　　　AD：DB＝AE：[EC]

　　　x の値は，5：3＝4：x より，x＝[2.4]

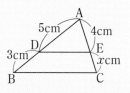

(2)

□(3)　右の図で，AD：AB＝AE：[AC]ならば，

　　　DE[∥]BC

(3)

❷ 中点連結定理　▶教 p.157-158　Step 2 ❺❻

□(4)　右の図で，辺 AB，AC の中点をそれぞれ

　　　D，E とすると，[中点連結定理]により，

　　　x＝[3]である。

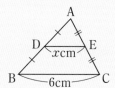

(4)

❸ 平行線と線分の比　▶教 p.159-160　Step 2 ❼

□(5)　右の図で，ℓ，m，n は平行とすると，

　　　a：b＝c：[d]

　　　a＝3，b＝4，d＝6 のとき，c＝[4.5]

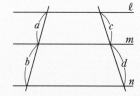

(5)

・・

教科書のまとめ　＿＿に入るものを答えよう！

□右の図で，DE∥BC ならば，次の①，②が成り立つ。

　①　AD：AB＝AE：AC ＝DE：BC　②　AD：DB＝AE：EC

□△ABC の辺 AB，AC の上の点をそれぞれ D，E とするとき，次の①，②

　が成り立つ。

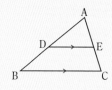

　①　AD：AB＝AE：AC ならば　DE∥BC　②　AD：DB＝AE：EC ならば　DE∥BC

□△ABC の辺 AB，AC の中点をそれぞれ D，E とするとき，DE∥BC，DE＝$\dfrac{1}{2}$BC が成り

　立つ。これを 中点連結定理 という。

□3つ以上の平行線に2直線が交わるとき，2直線は平行線によって等しい 比 に分けられる。

Step
2　予想問題　｜　**2節 平行線と線分の比**

1ページ
30分

【三角形と比①】

❶ 右の図の △ABC で，DE∥BC とし，点 D を
通り，辺 AC に平行な直線をひき，辺 BC と
の交点を F とします。このとき，次の問いに
答えなさい。

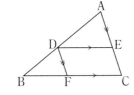

□(1)　△ADE∽△DBF を証明しなさい。

□(2)　(1)を根拠に，AD：DB＝AE：EC を証明しなさい。

【三角形と比②】

❷ 右の図のように，△ABC で，∠A の二等分線と
辺 BC との交点を D とします。このとき，次の
問いに答えなさい。

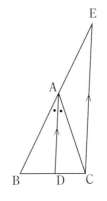

□(1)　点 C を通り，DA に平行な直線と辺 BA の
延長との交点を E とすると，△ACE は二
等辺三角形になります。このことを証明し
なさい。

□(2)　BD：DC＝AB：AC を証明しなさい。

【三角形と比③】

❸ 下の図で DE∥BC とします。x の値を求めなさい。

□(1)

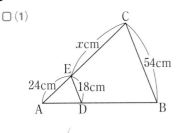

□(2)

E ――8cm―― D
8cm　$x$cm
B ――10cm―― C

（　　　　　　　）　　　（　　　　　　　）

ヒント

❶
(2)平行四辺形の性質
「2組の対辺はそれ
ぞれ等しい」を用い
る。

❷
(1)二等辺三角形である
ことを示すには，2
つの角が等しいこと
を示せばよい。

テスト得ダネ

二等辺三角形である
ことを証明するには，
三角形の2つの辺が
等しいこと，または
2つの内角が等しい
ことを示せばよい。

❸
(2)この場合も
AB：AD＝BC：DE
が成り立つ。

❌ ミスに注意

(2)では，対応する辺
を間違えないように
注意する。

　　　　　　　　　　　　　　　　　[解答 ▶ p.18]

【三角形と比④】

❹ 右の図のように，四角形 ABCD の各辺上に，

AE：EB＝2：1，BF：FC＝1：2

CG：GD＝2：1，DH：HA＝1：2

となる点 E，F，G，H をとります。このとき，次の問いに答えなさい。

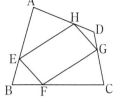

□(1)　EH∥FG であることを証明しなさい。

□(2)　四角形 EFGH は平行四辺形であることを証明しなさい。

【中点連結定理①】

❺ 四角形 ABCD の辺 AD，BC，対角線 BD，AC
の中点を順に，E，F，G，H とします。このとき，四角形 EGFH は平行四辺形であることを証明しなさい。

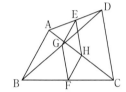

【中点連結定理②】

❻ 右の図の △ABC で，辺 AB を 3 等分する点を点 A に近いほうから順に D，E とし，辺 BC の中点を F，AF と CD の交点を G とします。DG＝3 cm のとき，次の長さを求めなさい。

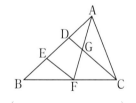

□(1)　EF　（　　　　　　　）　□(2)　CG　（　　　　　　　）

【平行線と線分の比】

❼ 下の図のように，平行な直線 ℓ，m，n に 2 本の直線が交わっています。このとき，x の値を求めなさい。

□(1)

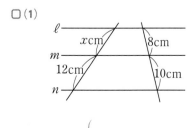

（　　　　　　　　）

□(2)

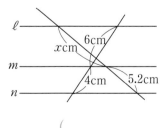

（　　　　　　　　）

［解答▶p.18-19］　37

ヒント

❹

(1)△ABD，△CBD について三角形と比を考える。

(2)EH∥FG，EF∥HG を示す。

（平行四辺形になるための条件）

① 2組の対辺がそれぞれ等しい。

② 2組の対角がそれぞれ等しい。

③ 対角線がそれぞれの中点で交わる。

④ 1組の対辺が平行で長さが等しい。

❺

E，F，G，H が中点であることに着目。

❻

中点連結定理が利用できる図形を探す。

❼

次の性質を使う。

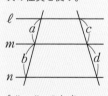

ℓ∥m∥n のとき，

a：b＝c：d

(2)の図では，交わっている一方の直線を平行移動して考える。

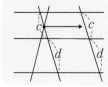

5章

Step 1 基本チェック　3節 相似な図形の面積の比と体積の比　4節 相似な図形の活用

15分

教科書のたしかめ　[　]に入るものを答えよう！

3節 ❶ 相似な平面図形の面積　▶教 p.162-164　Step 2 ❶

解答欄

□(1) 右の図で，△ABC∽△DEF，
△ABC の面積が 8 cm² のとき，
相似比が 2：[3] だから，面積
の比は 2²：[3]²＝4：[9]
△DEF の面積を x cm² とすると，

　8：x＝4：[9]　　4x＝[72]　　x＝[18]

したがって，△DEF の面積は [18] cm²

(1)

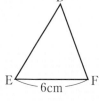

3節 ❷ 相似な立体の表面積と体積　▶教 p.165-167　Step 2 ❷❸

□(2) 相似比が 3：2 の相似な 2 つの円柱 P，Q がある。円柱 P の表面
積は 54π cm²，体積は 54π cm³ とする。
円柱 Q の表面積を x cm² とすると，

　54π：x＝[3]²：[2]²　　[9]x＝[216π]

　x＝[24π]　　円柱 Q の表面積は [24π] cm²

円柱 Q の体積を y cm³ とすると，

　54π：y＝[3]³：[2]³　　[27]y＝[432π]

　y＝[16π]　　円柱 Q の体積は [16π] cm³

(2)

4節 ❶ 相似な図形の活用　▶教 p.169-170　Step 2 ❹

□(3) 右の図の AB 間の距離を求めるのに，
$\frac{1}{1000}$ の縮図 △A′B′C′ をかいたところ，
A′B′＝3.6 cm であった。実際の AB 間の
距離は，[3.6]×[1000]＝[3600]（cm）
m の単位で表すと，[36] m となる。

(3)

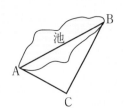

教科書のまとめ　＿＿に入るものを答えよう！

□ 相似な平面図形では，相似比が m：n のとき，面積の比は m^2：n^2 である。

□ 相似な立体では，相似比が m：n のとき，表面積の比は m^2：n^2，体積の比は m^3：n^3 である。

□ 直接はかることができない 2 地点間の距離は，相似 な三角形をかいて求めることができる。

Step 2 予想問題

3節 相似な図形の面積の比と体積の比
4節 相似な図形の活用

1ページ
30分

【相似な平面図形の面積】

❶ 右の図で，DE∥BC，AD＝3 cm，DB＝5 cm，DE＝3 cm，△ABC の面積が 96 cm² のとき，次の問いに答えなさい。

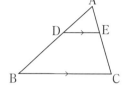

□(1)　△ADE と △ABC の相似比を求めなさい。

（　　　　　）

□(2)　△ADE の面積を求めなさい。

（　　　　　）

【相似な立体の表面積と体積①】

❷ 右の図のような相似比が 2：3 の 2 つの直方体 P，Q があります。直方体 P の体積が 24 cm³，表面積が 52 cm² のとき，次の問いに答えなさい。

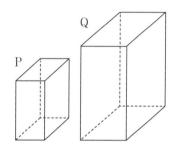

□(1)　直方体 Q の体積を求めなさい。

（　　　　　）

□(2)　直方体 Q の表面積を求めなさい。

（　　　　　）

【相似な立体の表面積と体積②】

❸ 右の図は，円錐の上部を，底面に平行な平面で切った立体で，切り取った円錐の高さともとの円錐の高さの比は 1：3 です。このとき，次の問いに答えなさい。

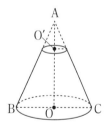

□(1)　切り口の円 O′ の面積と，もとの円錐の底面の円 O の面積の比を求めなさい。

（　　　　　）

□(2)　もとの円錐の体積と，円錐を切り取って残った立体の体積の比を求めなさい。

（　　　　　）

【相似な図形の活用】

❹ 木の根元から 20 m はなれた地点から，木の先端を見上げたら，水平の方向に対して 30°上に見えました。縮図をかき，木の高さはおよそ何 m か求めなさい。ただし，目の高さは 1.5 m とします。

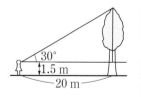

（　　　　　）

ヒント

❶
(1)AB＝8 cm だから，
AD：AB＝3：8
(2)相似比が $m:n$ のとき，面積の比は $m^2:n^2$

❷
相似比が $m:n$ のとき，表面積の比は $m^2:n^2$，体積の比は $m^3:n^3$

5章

❸
(1)切り口の円と底面の円の相似比は 1：3 であることから，底面の円の面積の比が求められる。
(2)切り取った円錐の体積を V としてみよう。

❹
ノートに $\frac{1}{200}$ の縮図をかいてはかってみよう。

⚠ ミスに注意
木の高さを求めるとき，目の高さも加える。

Step 3　予想テスト　5 章 相似な図形

🕐 30分　／100点　目標 80点

❶ 次のそれぞれの図で，相似な三角形を記号∽を使って表しなさい。そのときに使った相似条件を示しなさい。知

30 点(各 5 点)

☐(1)
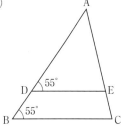

☐(2)
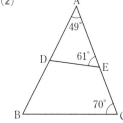

☐(3)
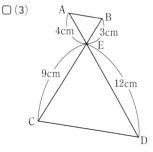

❷ 次の図で，x，y，z の値を求めなさい。知

20 点(各 4 点)

☐(1)　DC∥EG
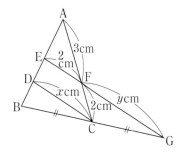

☐(2)　AD∥BC∥EF
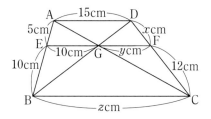

❸ 右の図のように，平行四辺形 ABCD の辺 BC 上に AB＝BE となる点 E をとり，直線 AE と直線 DC との交点を F とします。このとき，次の問いに答えなさい。考

20 点(各 10 点)

☐(1)　△ABE∽△FCE であることを証明しなさい。

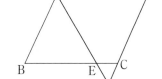

☐(2)　AB＝9 cm，DF＝12 cm のとき，CE の長さを求めなさい。

❹ 右の図の △ABC で，DE∥FG∥BC，AD＝2 cm，DF＝4 cm，FB＝6 cm とするとき，次の問いに答えなさい。**知** **考** 20点(各10点)

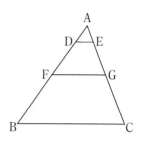

☐(1) △ABC の面積を S cm² として，△ADE，△AFG の面積を，S を使って表しなさい。

☐(2) 台形 DFGE と台形 FBCG の面積の比を求めなさい。

❺ 右の図のような円錐の容器に深さ 6 cm まで水が入っています。この容器には何 cm³ の水が入っていますか。**知** **考** 10点

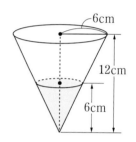

❶	(1)	相似な三角形		相似条件				
	(2)	相似な三角形		相似条件				
	(3)	相似な三角形		相似条件				
❷	(1)	$x=$	$y=$		(2)	$x=$	$y=$	$z=$
❸	(1)							
	(2)							
❹	(1)	△ADE	△AFG		(2)			
❺								

Step 1 | **基本チェック** | **1節 円周角の定理**
2節 円周角の定理の活用

15分

教科書のたしかめ　[ ]に入るものを答えよう！

1節 ❶ 円周角の定理　▶教 p.180-184　Step 2 ❶-❸

解答欄

☐(1) 右の図の円 O で，∠AOB＝100°のとき，
∠AP₁B＝∠AP₂B＝∠AP₃B＝[50°]で
ある。

(1)

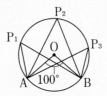

☐(2) 円の直径を AB，点 P を円周上の点とする
と，∠APB＝[90°]である。

(2)

☐(3) 右の図で，$\overparen{AB} = \overparen{CD}$，∠APB＝30°
ならば，∠CQD＝[30°]である。
また，∠APB＝∠CQD ならば，
$\overparen{AB} = [\overparen{CD}]$である。

(3)

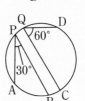

☐(4) 右の図で，∠APB＝30°，∠CQD＝60°のとき，
$\overparen{CD} = [2]\overparen{AB}$ である。1つの円で，弧の
長さは，その弧に対する円周角の大きさに
[比例]する。

(4)

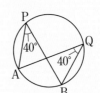

1節 ❷ 円周角の定理の逆　▶教 p.185-186　Step 2 ❹-❻

☐(5) 右の図で，∠APB＝40°，∠AQB＝40°のとき，
4点 A，B，P，Q は1つの[円周]上にある。

(5)

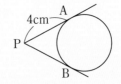

☐(6) ∠APB＝90°のとき，点 P は線分[AB]を直
径とする円周上にある。

(6)

2節 ❶ 円周角の定理の活用　▶教 p.188-190　Step 2 ❼-❿

☐(7) 右の図で，PA＝4 cm のとき，
PB＝[4]cm である。

(7)

教科書のまとめ　＿＿に入るものを答えよう！

☐ 1つの弧に対する円周角の大きさは，その弧に対する中心角の大きさの $\frac{1}{2}$ である。また，1
つの弧に対する 円周角 の大きさはすべて等しい。

☐ 1つの円で，等しい弧に対する円周角は 等しい 。等しい円周角に対する弧は 等しい 。

☐ 2点 P，Q が直線 AB について同じ側にあるとき，∠APB＝∠AQB ならば，4点 A，B，P，Q
は1つの 円周 上にある。

☐ 円外の1点からその円にひいた2つの 接線 の長さは 等しい 。

Step 2 予想問題 ・ **1節 円周角の定理**
・ **2節 円周角の定理の活用**

【円周角の定理①】

よく出る

❶ 次の図の円 O で，∠x の大きさを求めなさい。

□(1)

□(2)

(　　　　　　)　　　　　　(　　　　　　)

□(3)

□(4)

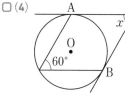

PA, PB はそれ
ぞれ点 A, B を
接点とする円 O
の接線

(　　　　　　)　　　　　　(　　　　　　)

【円周角の定理②】

❷ 右の図で，点 A，B，C は円 O の周上の点である。
□ ∠BAC の二等分線と円 O との交点を D とすると
き，△BDC は二等辺三角形になることを証明し
なさい。

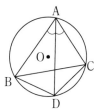

【円周角の定理③】

よく出る

❸ 右の図の円 O で，平行な 2 つの弦を AB，CD と
□ するとき，$\overset{\frown}{AC} = \overset{\frown}{BD}$ となることを証明しなさい。

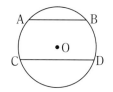

ヒント

❶
いずれも円周角と中心
角の関係に着目する。
(4)OA⊥PA
　OB⊥PB
となるような点 A と
O，点 B と O を結ん
で考える。

テスト得ダネ
円周角などの角を求
める問題で，直接角
を求められないとき
は中心角を考えてみ
る。

6章

❷
等しい円周角に対する
弧は等しいから，
$\overset{\frown}{BD} = \overset{\frown}{CD}$
このとき，弦 BD と弦
CD の関係を導く。

❸
点 B と C を結ぶと，
AB∥CD より，錯角が
等しいから，
∠ABC＝∠DCB

【円周角の定理の逆①】

❹ 下の図で，4点 A，B，C，D が1つの円周上にあるものには○を，そうでないものには×をつけなさい。

□(1)　□(2)　□(3)

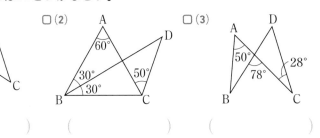

（　　　　　）　（　　　　　）　（　　　　　）

【円周角の定理の逆②】

❺ 長方形 ABCD を対角線 BD で折り曲げて右のような図をつくりました。点 C の移った点を C′ とするとき，4つの頂点 A，B，D，C′ は1つの円周上にあることを証明しなさい。

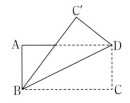

【円周角の定理の逆③】

❻ 右の図の四角形 ABCD で，∠ACB＝∠ADB である。このとき，

∠BAC＝∠BDC
∠ABD＝∠ACD

となることを証明しなさい。

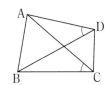

【円周角の定理の活用①】

❼ 右の図のように，2つの弦 AB と CD の交点を E とするとき，△ACE∽△DBE となることを証明しなさい。

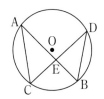

ヒント

❹ ∠BAC と ∠BDC が等しいかどうかを調べる。

❺ ∠BAD と ∠BC′D に着目する。この2つの角が等しいとき，どんなことがいえるか考える。

❻ 円周角の定理の逆より，4点 A，B，C，D が1つの円周上にあることを導く。

❼ 2組の角がそれぞれ等しいことを示せばよい。

［解答 ▶ p.22-23］

【円周角の定理の活用②】

❽ 右の図のように，円 O の周上に点 A，B，C をと
り，$\overparen{BC}$，$\overparen{CA}$，$\overparen{AB}$ 上に点 L，M，N を，
$\overparen{BL} = \overparen{LC}$，$\overparen{CM} = \overparen{MA}$，$\overparen{AN} = \overparen{NB}$
となるようにとります。このとき，弦 AL，MN
は垂直に交わることを証明しなさい。

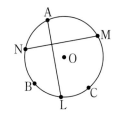

❽
半円の弧に対する円周角は 90° であることを用いる。また，点 A，B，C で 3 つに分けた弧の長さを加えると，半円の弧の長さに等しくなることを利用する。

【円周角の定理の活用③】

❾ 右の図で，△ABC の頂点 A，B，C は円 O の周
上にあり，AD は直径です。点 A から辺 BC にひ
いた垂線を AH とするとき，∠BAD＝∠CAH で
あることを証明しなさい。

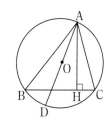

❾
相似な 2 つの直角三角形をさがす。

【円周角の定理の活用④】

❿ 右の図で，直線 PA，PB はそれぞれ
点 A，B を接点とする円 O の接線です。
このとき，∠x，∠y の大きさをそれ
ぞれ求めなさい。

$(∠x =$ 　　　　　$)$

$(∠y =$ 　　　　　$)$

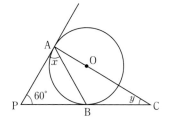

❿
円外の 1 つの点 P から円 O にひいた 2 つの接線の長さは等しいから，
　PA＝PB
（△PAB は二等辺三角形）である。
∠y は △PAC に着目する。

Step 3 予想テスト

6章 円

⏱ 30分 ／100点 目標80点

❶ 下の図で，∠x の大きさを求めなさい。**知**　　40点(各10点)

□(1)
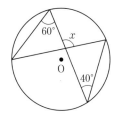

□(2)
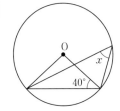

□(3)
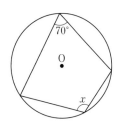

□(4)
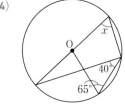

❷ 右の図の円 O で，線分 AB を直径とし，$\overset{\frown}{AC} = \overset{\frown}{CB}$ となる点 C を円 O の周上にとります。また，点 C から線分 AB と交わるように線分 CD をひき，その交点を E とします。このとき，△DAC と △DEB が相似であることを証明しなさい。**考**　　15点

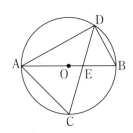

❸ 右の図で，4点 A，B，C，D は円 O の周上の点で，AC＝AD，$\overset{\frown}{BC} = \overset{\frown}{CD}$ とします。また，線分 AC と BD との交点を E とします。このとき，△ABC≡△AED となることを証明しなさい。**考**　　15点

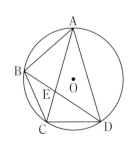

4 右の図で4点 A，B，C，D は，円 O の周上の点で，線分 AC と線分 BD の交点を E とします。AE＝EC，DE＝8 cm，BE＝2 cm，AB＝5 cm のとき，線分 CD の長さを求めなさい。 考　　10点

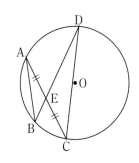

5 右の図で4点 A，B，C，D は円 O の周上の点で，線分 AC と線分 BD の交点を E，線分 AD の延長と線分 BC の延長との交点を F とします。また，∠CED＝70°，∠CFD＝30°，∠FDC＝80° とします。このとき，次の問いに答えなさい。 考

20点((1)各5点，(2)10点)

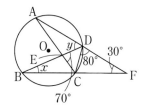

(1) ∠x，∠y の大きさをそれぞれ求めなさい。

(2) $\overgroup{AD}$: $\overgroup{BC}$ を簡単な整数の比で表しなさい。

❶	(1)	∠x=		(2)	∠x=
	(3)	∠x=		(4)	∠x=

❷		❸	

| ❹ | | | |

| ❺ | (1) | ∠x= | ∠y= | (2) |

1節 三平方の定理

15分

教科書のたしかめ　[ ]に入るものを答えよう！

❶ 三平方の定理 ▶教 p.200-202 Step 2 ❶❸

解答欄

□(1) 右の直角三角形で，x の値は，

$[\ 3\ ]^2+[\ 4\ ]^2=x^2$

$x^2=[\ 25\ ]$

$x=[\ \pm5\ ]$

$x>0$ だから，$x=[\ 5\ ]$

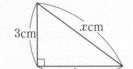

(1)

□(2) 右の直角三角形で，x の値は，

$x^2+[\ 12\ ]^2=[\ 13\ ]^2$

$x^2=[\ 25\ ]$

$x=[\ \pm5\ ]$

$x>0$ だから，$x=[\ 5\ ]$

(2)

❷ 三平方の定理の逆 ▶教 p.203-204 Step 2 ❷❸

□(3) 三角形が直角三角形かどうかを調べるには，△ABC の 3 辺の中で最も長い辺の長さを c とし，残りの 2 辺の長さを a，b として，$[\ a^2+b^2=c^2\ ]$ が成り立つかどうかを調べればよい。

(3)

□(4) 右の図の △ABC が直角三角形かどうかを調べる。

$a=5$，$b=8$，$c=9$ とすると，

$a^2+b^2=[\ 89\ ]$

$c^2=[\ 81\ ]$

$a^2+b^2=c^2$ が成り立たないから，△ABC は直角三角形ではない。

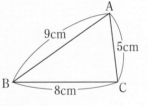

(4)

教科書のまとめ　＿＿に入るものを答えよう！

□直角三角形の直角をはさむ 2 辺の長さを a，b，斜辺の長さを c とすると，<u>$a^2+b^2=c^2$</u> が成り立つ。これを <u>三平方の定理</u> という。

□三角形の 3 辺の長さ a，b，c の間に，<u>$a^2+b^2=c^2$</u> という関係が成り立つとき，この三角形は長さ c の辺を <u>斜辺</u> とする <u>直角三角形</u> である。このことを三平方の定理の <u>逆</u> という。

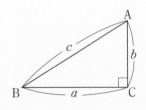

Step 2　予想問題　1節 三平方の定理

【三平方の定理】

❶ 下の図で，x，y の値を求めなさい。

☐(1)

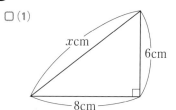
$x$cm　6cm　8cm

☐(2)

$x$cm　6cm　8cm

(　　　　　)　　　　　　　(　　　　　)

☐(3)

4cm　10cm　$x$cm

☐(4)

$x$cm　5cm　$y$cm　2cm　5cm

(　　　　　)　　　　　　($x=$　　　，$y=$　　　)

【三平方の定理の逆】

❷ 次の長さを3辺とする三角形で，直角三角形となるものはどれですか。記号で答えなさい。

(ア)　4 cm，5 cm，8 cm

(イ)　$\sqrt{2}$ cm，$\sqrt{3}$ cm，$\sqrt{5}$ cm

(ウ)　8 cm，15 cm，17 cm

(エ)　$4\sqrt{2}$ cm，$\sqrt{21}$ cm，$2\sqrt{5}$ cm

(　　　　　　　　　　　)

【三平方の定理とその逆】

❸ 右の図の三角形の辺の長さをすべて求めなさい。また，この三角形は直角三角形ですか。その理由も説明しなさい。
方眼の1目もりは1cmとします。

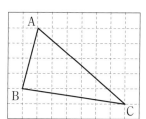

(AB＝　　　　cm，

BC＝　　　　cm, CA＝　　　　cm,　)

(理由：　　　　　　　　　　　　　　　)

ヒント

❶
三平方の定理
$$a^2+b^2=c^2$$
を用いる。

(4)まず x の値を求める。

テスト得ダネ

三平方の定理の計算をするとき，因数分解の公式を使うと便利なことがある。
$$a^2-b^2=(a+b)(a-b)$$

❷
最も長い辺を c とし，他の2辺を a，b として，三平方の定理 $a^2+b^2=c^2$ が成り立つかどうかを調べる。

❌ミスに注意

最も長い辺でないものを c としないように注意！

7章

❸
AB, BC, CA の長さを求めるときに，それぞれ三平方の定理を用いる。

直角三角形であるかどうかは三平方の定理の逆を用いて確かめる。

Step 1　**基本チェック**　**2節 三平方の定理の活用**

15分

教科書のたしかめ　[ ]に入るものを答えよう！

1 平面図形への活用　▶教 p.206-209　Step 2 ❶

解答欄

□(1)　1辺が 10 cm の正方形の対角線の長さ
x cm は，$x:10=[\sqrt{2}]:1$
$x=[10\sqrt{2}]$（cm）

(1) ＿＿＿＿＿＿

□(2)　1辺が 6 cm の正三角形の高さ $h$cm は，
$h:3=[\sqrt{3}]:1$
$h=[3\sqrt{3}]$（cm）

(2) ＿＿＿＿＿＿

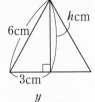

□(3)　座標平面上の2点 A (2, 3)，B (−1, −2)
の距離は，右の図の直角三角形 ABC で，
BC$=2-([-1])=[3]$
AC$=3-([-2])=[5]$
三平方の定理から，AB$^2=[3]^2+[5]^2$
$=[34]$
AB>0 だから，AB$=[\sqrt{34}]$

(3) ＿＿＿＿＿
＿＿＿＿＿
＿＿＿＿＿

2 空間図形への活用　▶教 p.210-213　Step 2 ❷❸

□(4)　右の図の円錐の高さを h cm とすると，
$[3]^2+h^2=[9]^2$
$h^2=[72]$
$h>0$ だから，$h=[6\sqrt{2}]$（cm）
円錐の体積は，$\dfrac{1}{3}\times\pi\times[3]^2\times6\sqrt{2}=[18\sqrt{2}\,\pi]$（cm³）

(4) ＿＿＿＿＿
＿＿＿＿＿
＿＿＿＿＿

教科書のまとめ　＿＿＿に入るものを答えよう！

□右の図のように，直角二等辺三角形と，30° と 60° の角をもつ直角三角形
の3辺の長さの比は，$1:1:\sqrt{2}$ ，$1:2:\sqrt{3}$

□縦，横がそれぞれ a，b の長方形の対角線の長さは $\sqrt{a^2+b^2}$ である。

□座標平面上の2点間の距離は，三平方の定理を用いて求めることができる。

□3辺が a，b，c の直方体の対角線の長さは $\sqrt{a^2+b^2+c^2}$ である。

Step 2 予想問題 ： **2節 三平方の定理の活用**

1ページ 30分

【平面図形への活用】

よく出る

❶ 次の線分の長さを求めなさい。

□(1) 対角線の長さが 8 cm の正方形の 1 辺の長さ （　　　　）

□(2) 対角線の長さが 8 cm と 12 cm のひし形の 1 辺の長さ

（　　　　）

□(3) 1 辺が 6 cm の正三角形の高さ （　　　　）

□(4) 半径 9 cm の円で，弦の長さが 10 cm のときの，円の中心から弦
ま------までの距離 （　　　　）

□(5) 半径 6 cm の円で，円の中心から 10 cm の距離にある点から，こ
の円にひいた接点までの長さ （　　　　）

□(6) 2 点 A (−3, 1)，B (2, −3) 間の距離 （　　　　）

【空間図形への活用①】

❷ 次のような立体の体積を求めなさい。

□(1) 底面の円の半径が 3 cm，母線の長さが 5 cm の円錐

（　　　　）

□(2) 底面の円の面積が 18π cm²，母線の長さが 9 cm の円錐

（　　　　）

□(3) 底面が 1 辺の長さ 8 cm の正方形で，他の辺の長さが 12 cm の正
四角錐 （　　　　）

【空間図形への活用②】

点UP

❸ 右の図の直方体 ABCD−EFGH で，DC＝3 cm，
AD＝2 cm，AE＝6 cm です。

□(1) 直方体の対角線の長さを求めなさい。

（　　　　）

□(2) 直方体の側面に糸を図のように A から E まで巻きつけるとき，
糸の長さが最も短くなるときの長さを求めなさい。

（　　　　）

---

❶ ヒント

❶
まず，問題にしたがっ
て図をかいてみる。そ
の図の中で直角三角形
を見つけ，三平方の定
理を用いる。

(4)

(5)
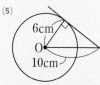

❷
まず，図をかいて考え
る。

(1)

円錐の体積 V は，
$V = \dfrac{1}{3} \times (底面積) \times (高さ)$

❸
(2)展開図をかいて考え
る。

テスト得ダネ

縦 a，横 b，高さ c
の直方体の対角線の
長さは
$\sqrt{a^2+b^2+c^2}$

7章

7章 三平方の定理

30分 /100点 目標80点

❶ 下の図で，x，y の値を求めなさい。知　　　　25点(各5点)

☐(1)

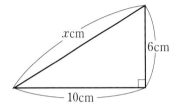

☐(2)

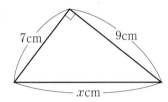

☐(3)

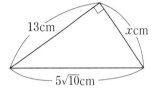

☐(4)

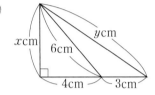

❷ 下の図で，x の値と三角形の面積を求めなさい。知　　　　24点(各6点)

☐(1)

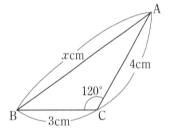

☐(2)

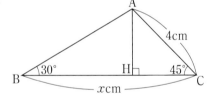

❸ 右の図で，線分 AB は円 O の直径で，直線 ℓ は点 B を接点とする円 O の接線です。また，点 C は円 O の周上の点で，点 D は AC の延長と接線 ℓ との交点です。

AB＝4 cm，AC＝3 cm のとき，次の問いに答えなさい。知

16点(各8点)

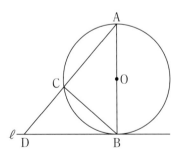

☐(1)　弦 BC の長さを求めなさい。

☐(2)　線分 CD の長さを求めなさい。

❹ 右の図のような直方体 ABCD−EFGH があり，AB＝5 cm，AD＝6 cm，AE＝3 cm です。これについて，次の問いに答えなさい。[考]

15点((1)8点，(2)7点)

☐(1) 辺 BC 上に点 P をとり，線分 AP，PG をひくとき，線分の長さの和 AP＋PG の最小の値を求めなさい。

☐(2) AP＋PG が最小となるとき，BP の長さを求めなさい。

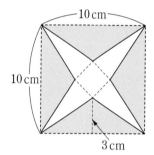

❺ 1辺の長さが 10 cm の正方形の紙があります。この正方形の紙から図のように高さが 3 cm の二等辺三角形 4 つを切り取り，残りで正四角錐をつくります。
この正四角錐について，次の問いに答えなさい。[考]

20点((1)5点，(2)5点，(3)10点)

☐(1) 正四角錐の底面となる正方形の 1 辺の長さを求めなさい。

☐(2) 正四角錐のほかの辺の長さを求めなさい。

☐(3) 正四角錐の高さを求めなさい。

7章

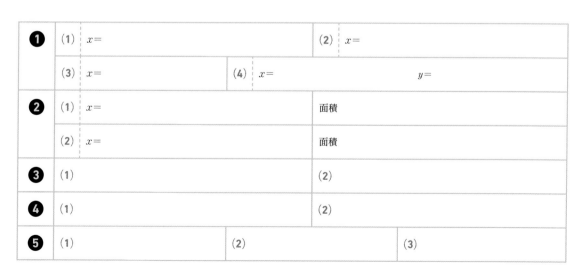

❶	(1)	$x=$				(2)	$x=$	
	(3)	$x=$		(4)	$x=$			$y=$
❷	(1)	$x=$			面積			
	(2)	$x=$			面積			
❸	(1)				(2)			
❹	(1)				(2)			
❺	(1)		(2)			(3)		

Step 1　基本チェック　1節 標本調査　2節 標本調査の活用

15分

教科書のたしかめ　[ ]に入るものを答えよう！

1節 ❶ 母集団と標本　▶ 教 p.224-228　Step 2 ❶❷

解答欄

□(1)　国が行う国勢調査は国民の性別や家族構成などの調査であり，すべての家庭を調べる必要性があるので[全数調査]である。

(1)

□(2)　缶詰の不良品の検査は，全部の缶詰を調べるわけにはいかないので[標本調査]が適している。

(2)

□(3)　ある機械で1日に作った大量の製品の中から，無作為に100個の製品を一部分抽出し，不良品の個数を調べた。この調査は[標本調査]である。母集団はある機械で1日に作った製品であり，標本の大きさは[100]である。

(3)

1節 ❷ 母集団の数量の推定　▶ 教 p.229-230　Step 2 ❸❹

□(4)　(3)の調査で不良品が3個あった。この機械で1日に2000個作ったとき，不良品の個数は，$2000 \times \left[\dfrac{3}{100} \right] = [60]$より，およそ[60]個と推定できる。

(4)

2節 ❶ 標本調査の活用　▶ 教 p.232-233

教科書のまとめ　＿＿＿に入るものを答えよう！

□ 対象とする集団のすべてについて調べることを 全数調査 という。

□ 対象とする集団の一部分を調べ，その結果から，集団全体の性質を推定するような調査を 標本調査 という。

□ 標本調査で，調査の対象となっているもとの集団を 母集団 といい，調査するために 母集団 から取り出した一部分を 標本 という。

□ 母集団からかたよりなく標本を取り出すことを 無作為に抽出する という。

□ 標本調査の結果から，母集団における数量の割合や母集団全体の数量を推定することができる。
標本を無作為に抽出しているときは，標本での数量の割合が 母集団 の数量の割合とおよそ等しいと考えてよい。

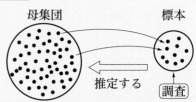

母集団　　　　標本

推定する　　調査

Step 2 予想問題

1節 標本調査
2節 標本調査の活用

1ページ
30分

【全数調査と標本調査】

❶ 次の調査について，全数調査に適しているものと，標本調査に適しているものとに分けなさい。

　㋐　国勢調査　　　　　　㋑　稲作の予想収穫高

　㋒　全校生徒の家庭生活調査　　㋓　新聞社の世論調査

　㋔　テレビの視聴率　　　　㋕　電球の耐久時間

　　（全数調査…　　　　　　　，標本調査…　　　　　　　）

【母集団と標本】

❷ ある市の中学3年生は16436人です。この中から無作為に1200人を抽出し，家庭での学習時間を調べました。この調査について，次の問いに答えなさい。

　(1)　母集団は何ですか。また，母集団の大きさを答えなさい。

　　（母集団…　　　　　　　，母集団の大きさ…　　　　　　　）

　(2)　標本は何ですか。また，標本の大きさを答えなさい。

　　（標本…　　　　　　　，標本の大きさ…　　　　　　　）

【母集団の数量の推定①】

❸ ある中学校の3年生135人から40人を標本として取り出し，ハンドボール投げの距離を調べたところ，25 m以上投げられる生徒は8人いました。3年生全体で25 m以上投げられる生徒の人数を推定しなさい。

　　　　　　　　　　　　　（　　　　　　　　　　　）

【母集団の数量の推定②】

❹ ある山の野生のサルの生息数を推定するために，50匹のサルを捕まえて印をつけて放しました。2ヶ月後，40匹を捕まえて印を確認したところ，13匹に印がついていました。
　この山のサルの生息数はおよそ何匹と推定できますか。四捨五入して十の位まで答えなさい。

　　　　　　　　　　　　　（　　　　　　　　　　　）

ヒント

❶
全数調査とは，集団のすべてのものについて調べる調査のことであり，標本調査はその一部を取り出して，その傾向をつかみ，全体を推定する調査である。

❷
母集団とは調査する集団全体のことであり，標本とは取り出した一部のことである。

❸
40人の中で25 m以上投げることができる生徒の人数は8人で，その割合は $\frac{8}{40}$

❹
標本の大きさは40匹で，その中で印のついたサルは13匹であり，この割合は，山全体のサルと印のついたサルの割合とおよそ等しいとみなすことができる。

8章

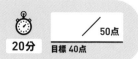

Step 3　予想テスト　8章 標本調査

20分　目標 40点　　/50点

❶ 300匹の金魚が池にいます。いま，その中から網で50匹を捕まえて，雌雄を確認したところメスは17匹いました。この池にいるメスの金魚の数はおよそ何匹いると推定できますか。四捨五入して十の位まで答えなさい。[考]

10点

❷ 白の碁石だけが袋の中にたくさん入っています。そのおよその個数を調べるために，袋に黒の碁石を50個入れました。よくかき混ぜてから30個を取り出して調べたところ，その中に黒の碁石が12個入っていました。袋の中に白の碁石は何個あったと推定できますか。[考]

10点

❸ ある機械で作った製品について，500個を無作為に抽出したところ，不良品が14個ふくまれていました。これについて，次の問いに答えなさい。[考]　　30点((1)10点，(2)20点)

- (1)　この製品を3250個作ると，そのうち，不良品はおよそ何個ふくまれていると考えられますか。

- (2)　不良品がないように9720個の製品を用意します。機械でおよそ何個の製品を作ればよいですか。

❶		❷	
❸	(1)	(2)	

❶ ／10点　❷ ／10点　❸ ／30点

[解答 ▶ p.28]

テスト前 ☑ やることチェック表

① まずはテストの目標をたてよう。頑張ったら達成できそうなちょっと上のレベルを目指そう。
② 次にやることを書こう（「ズバリ英語〇ページ，数学〇ページ」など）。
③ やり終えたら□に✔を入れよう。
　　最初に完ぺきな計画をたてる必要はなく，まずは数日分の計画をつくって，
　　その後追加・修正していってっても良いね。

目標

	日付	やること1	やること2
2週間前	／	☐	☐
	／	☐	☐
	／	☐	☐
	／	☐	☐
	／	☐	☐
	／	☐	☐
	／	☐	☐
1週間前	／	☐	☐
	／	☐	☐
	／	☐	☐
	／	☐	☐
	／	☐	☐
	／	☐	☐
	／	☐	☐
テスト期間	／	☐	☐
	／	☐	☐
	／	☐	☐
	／	☐	☐
	／	☐	☐

QRコードのページに登録すると，「ぴたリンク」からも表をダウンロードできるよ

テスト前 ☑ やることチェック表

① まずはテストの目標をたてよう。頑張ったら達成できそうなちょっと上のレベルを目指そう。
② 次にやることを書こう（「ズバリ英語○ページ，数学○ページ」など）。
③ やり終えたら□に✓を入れよう。
　最初に完ぺきな計画をたてる必要はなく，まずは数日分の計画をつくって，
　その後追加・修正していっても良いね。

目標

	日付	やること1	やること2
2週間前	／	□	□
	／	□	□
	／	□	□
	／	□	□
	／	□	□
	／	□	□
	／	□	□
1週間前	／	□	□
	／	□	□
	／	□	□
	／	□	□
	／	□	□
	／	□	□
	／	□	□
テスト期間	／	□	□
	／	□	□
	／	□	□
	／	□	□
	／	□	□

教育出版版 数学 3 年 | 定期テスト ズバリよくでる | 解答集

1章 式の計算

1節 多項式の乗法と除法

p.3-4 **Step 2**

❶ (1) $2x^2+10xy$　　(2) $-6x^2-9xy$
　(3) $28ab-7b^2$　　(4) $-6x^2+10xy$
　(5) $6a^2-3ab+12a$　　(6) $-3x^2+2xy-x$

解き方 (5)，(6)のような項が3つの場合でも分配法則 $a(b+c+d)=ab+ac+ad$ を用いる。

(5) $(2a-b+4)\times 3a=2a\times 3a-b\times 3a+4\times 3a$
$=6a^2-3ab+12a$

(6) $-\dfrac{x}{2}(6x-4y+2)$

$=\left(-\dfrac{x}{2}\right)\times 6x-\left(-\dfrac{x}{2}\right)\times 4y+\left(-\dfrac{x}{2}\right)\times 2$

$=-3x^2+2xy-x$

❷ (1) $4x+3$　　(2) $-3x+4$
　(3) $4a-6b$　　(4) $-8a+2$

解き方 わる式に分数がふくまれている(3)，(4)では，除法を乗法に直して計算する。

(1) $(8x^2+6x)\div 2x=\dfrac{8x^2+6x}{2x}=\dfrac{8x^2}{2x}+\dfrac{6x}{2x}$

$=4x+3$

(2) $(9x^2-12x)\div(-3x)=\dfrac{9x^2-12x}{-3x}$

$=-\dfrac{9x^2}{3x}+\dfrac{12x}{3x}=-3x+4$

(3) $(6a^2-9ab)\div\dfrac{3}{2}a=(6a^2-9ab)\div\dfrac{3a}{2}$

$=(6a^2-9ab)\times\dfrac{2}{3a}=6a^2\times\dfrac{2}{3a}-9ab\times\dfrac{2}{3a}$

$=4a-6b$

(4) $(4a^2-a)\div\left(-\dfrac{1}{2}a\right)=(4a^2-a)\div\left(-\dfrac{a}{2}\right)$

$=(4a^2-a)\times\left(-\dfrac{2}{a}\right)=4a^2\times\left(-\dfrac{2}{a}\right)-a\times\left(-\dfrac{2}{a}\right)$

$=-8a+2$

❸ (1) $xy-5x+3y-15$　　(2) $ab-5a-7b+35$

解き方 $(a+b)(c+d)$ の形の計算だから，次のようにかけ合わせる。

$$\overset{①②③④}{(a+b)(c+d)}=ac+ad+bc+bd$$
$$\qquad\qquad\qquad ①\ \ ②\ \ ③\ \ ④$$

❹ (1) $6x^2+13xy+6y^2$
　(2) $-14a^2+15ab+9b^2$
　(3) $2x^2-xy-6y^2-x+2y$
　(4) $-3x^2+11xy-6y^2-x+3y$

解き方 一方の多項式をひとまとまりにみて分配法則を使って計算する。

(3) $(x-2y)(2x+3y-1)$
$=x(2x+3y-1)-2y(2x+3y-1)$
$=2x^2+3xy-x-4xy-6y^2+2y$
$=2x^2-xy-6y^2-x+2y$

(4) $(-3x+2y-1)(x-3y)$
$=-3x(x-3y)+2y(x-3y)-(x-3y)$
$=-3x^2+9xy+2xy-6y^2-x+3y$
$=-3x^2+11xy-6y^2-x+3y$

$(x-3y)(-3x+2y-1)$ とおきかえて計算してもよい。

❺ (1) x^2+5x+6　　(2) $x^2+7x+12$
　(3) $x^2-10x+21$　　(4) x^2-6x+5
　(5) x^2+x-20　　(6) $x^2-\dfrac{1}{3}x-\dfrac{2}{9}$
　(7) y^2-y-42　　(8) $a^2-a-\dfrac{3}{4}$

解き方 次の乗法の公式にあてはめて計算する。
$(x+a)(x+b)=x^2+(a+b)x+ab$

❻ (1) $x^2+14x+49$　　(2) $x^2-10x+25$
　(3) $y^2-16y+64$　　(4) $y^2+8y+16$
　(5) a^2-2a+1　　(6) x^2-6x+9
　(7) $x^2+\dfrac{2}{3}x+\dfrac{1}{9}$　　(8) $x^2-x+\dfrac{1}{4}$

1

解き方 次の乗法の公式にあてはめて計算する。

$$(x+a)^2 = x^2 + 2ax + a^2$$
$$(x-a)^2 = x^2 - 2ax + a^2$$

❼ (1) $x^2 - 81$ (2) $x^2 - 144$

(3) $x^2 - \dfrac{1}{4}$ (4) $x^2 - \dfrac{9}{16}$

(5) $49 - x^2$ (6) $9 - a^2$

解き方 次の乗法の公式にあてはめて計算する。

$$(x+a)(x-a) = x^2 - a^2$$

❽ (1) $25x^2 + 25x + 6$ (2) $16x^2 + 8x + 1$

(3) $9y^2 - 4$ (4) $4a^2 - 9b^2$

解き方 $5x$ や $4x$ を1つの文字とみて乗法の公式を使って計算する。

(1) $(5x+2)(5x+3) = (5x)^2 + (2+3) \times 5x + 2 \times 3$
$= 25x^2 + 25x + 6$

(2) $(4x+1)^2 = (4x)^2 + 2 \times 1 \times 4x + 1^2$
$= 16x^2 + 8x + 1$

(3) $(3y-2)(3y+2) = (3y)^2 - 2^2$
$= 9y^2 - 4$

(4) $(2a+3b)(2a-3b) = (2a)^2 - (3b)^2$
$= 4a^2 - 9b^2$

❾ (1) $x^2 - 2xy + y^2 + 5x - 5y + 6$

(2) $a^2 + 8a + 16 - b^2$

(3) $x^2 + 2xy + y^2 - 4x - 4y + 4$

(4) $2x^2 + 2x - 3$ (5) $-2x + 14$

(6) $2x^2 + 8y^2$

解き方 (1)〜(3)は別の文字におきかえて計算する。(4)〜(6)は、それぞれに乗法の公式を用いる。

(1) $x-y = M$ とおくと、
$(x-y+3)(x-y+2) = (M+3)(M+2)$
$= M^2 + 5M + 6$
M を $x-y$ に戻すと、
$M^2 + 5M + 6 = (x-y)^2 + 5(x-y) + 6$
$= x^2 - 2xy + y^2 + 5x - 5y + 6$

(2) $(a+b+4)(a-b+4) = (a+4+b)(a+4-b)$
として、$a+4 = M$ とおく。
$(a+4+b)(a+4-b) = (M+b)(M-b)$
$= M^2 - b^2 = (a+4)^2 - b^2 = a^2 + 8a + 16 - b^2$

2節 因数分解

3節 式の活用

p.6-9 Step ❷

❶ (1) $a(2x+y)$ (2) $x(x-1)$

(3) $ax(3x-1)$ (4) $3xy(2x-1)$

(5) $a(x-y+z)$ (6) $5m(3n+m-4n^2)$

解き方 共通因数は文字ばかりでなく、数だけ、あるいは数と文字の積の場合もあるので注意。

❷ (1) $(x+3)(x+4)$ (2) $(x-4)(x-5)$

(3) $(x-8)(x-9)$ (4) $(x+5)(x-2)$

(5) $(x-4)(x+2)$ (6) $(x-10)(x+2)$

(7) $(y-5)(y+3)$ (8) $(a-3)(a-5)$

解き方 与えられた式を見て、公式の a, b にあたる数が何になるかを見つける。

(2) 積が 20、和が -9 になる数は -4 と -5

(8) $a^2 - 8a + 15$ と直してから因数分解する。

❸ (1) $(x+6)^2$ (2) $(a+4)^2$ (3) $(x-7)^2$

(4) $(b-3)^2$ (5) $\left(x+\dfrac{1}{2}\right)^2$ (6) $\left(x-\dfrac{1}{5}\right)^2$

解き方 公式で、x の係数の半分の2乗が定数項になることに着目。

(5) $x^2 + x + \dfrac{1}{4} = x^2 + 2 \times \dfrac{1}{2} \times x + \left(\dfrac{1}{2}\right)^2$

(6) $x^2 - \dfrac{2}{5}x + \dfrac{1}{25} = x^2 - 2 \times \dfrac{1}{5} \times x + \left(\dfrac{1}{5}\right)^2$

❹ (1) $(x+11)(x-11)$ (2) $(x+13)(x-13)$

(3) $(6+x)(6-x)$ (4) $(b+a)(b-a)$

(5) $\left(m+\dfrac{1}{5}\right)\left(m-\dfrac{1}{5}\right)$ (6) $\left(\dfrac{5}{6}+y\right)\left(\dfrac{5}{6}-y\right)$

解き方 $121 = 11 \times 11$, $144 = 12 \times 12$, $169 = 13 \times 13$ はおぼえておくと便利。

(1) $x^2 - 121 = x^2 - 11^2 = (x+11)(x-11)$

(2) $x^2 - 169 = x^2 - 13^2 = (x+13)(x-13)$

(3) $36 - x^2 = 6^2 - x^2 = (6+x)(6-x)$

(5) $m^2 - \dfrac{1}{25} = m^2 - \left(\dfrac{1}{5}\right)^2 = \left(m+\dfrac{1}{5}\right)\left(m-\dfrac{1}{5}\right)$

(6) $\dfrac{25}{36} - y^2 = \left(\dfrac{5}{6}\right)^2 - y^2 = \left(\dfrac{5}{6}+y\right)\left(\dfrac{5}{6}-y\right)$

❺ (1) $4(x-1)(x-2)$　　(2) $3(x+5)(x-3)$

　(3) $3(x+3)^2$　　　(4) $2(x-8)^2$

　(5) $a(x+4)^2$　　　(6) $a(x-7)(x-8)$

　(7) $y(x+12)(x-12)$　(8) $ab^2x(1+x)(1-x)$

解き方 まず，共通因数をくくり出す。

(1) $4x^2-12x+8=4(x^2-3x+2)$

　$=4(x-1)(x-2)$

(2) $3x^2+6x-45=3(x^2+2x-15)$

　$=3(x+5)(x-3)$

(5) $ax^2+8ax+16a=a(x^2+8x+16)=a(x+4)^2$

(7) $x^2y-144y=y(x^2-144)=y(x^2-12^2)$

　$=y(x+12)(x-12)$

(8) $ab^2x-ab^2x^3=ab^2x(1-x^2)$

　$=ab^2x(1+x)(1-x)$

❻ (1) $(3x+1)^2$　　　(2) $(3y-7)^2$

　(3) $4(4x+3)(4x-3)$　(4) $a(3x+2)(3x-2)$

解き方 $3x$ や $3y$ などをひとまとまりとみて因数分解する。

(1) $9x^2+6x+1=(3x)^2+2\times1\times3x+1^2=(3x+1)^2$

(2) $9y^2-42y+49$

　$=(3y)^2-2\times7\times3y+7^2=(3y-7)^2$

(3) $64x^2-36=4(16x^2-9)$

　$=4\{(4x)^2-3^2\}=4(4x+3)(4x-3)$

(4) $9ax^2-4a=a(9x^2-4)$

　$=a\{(3x)^2-2^2\}=a(3x+2)(3x-2)$

❼ (1) $(a+4)(a+5)$　　(2) $(x-12)(x-13)$

　(3) $(x+3)^2$　　　(4) $x(x+22)$

解き方 $a+3$ や $x-7$ を1つの文字におきかえて，因数分解の公式を使う。

(1) $(a+3)^2+3(a+3)+2$

　$=M^2+3M+2$　　　$a+3=M$ とおく。

　$=(M+1)(M+2)$

　$=(a+3+1)(a+3+2)$　もとに戻す。

　$=(a+4)(a+5)$

(2) $(x-7)^2-11(x-7)+30$

　$=M^2-11M+30$　　$x-7=M$ とおく。

　$=(M-5)(M-6)$

　$=(x-7-5)(x-7-6)=(x-12)(x-13)$

(3) $(x+6)^2-6(x+6)+9$

　$=M^2-6M+9$　　　$x+6=M$ とおく。

　$=(M-3)^2$

　$=(x+6-3)^2$　　　もとに戻す。

　$=(x+3)^2$

(4) $(x+11)^2-121$

　$=M^2-121$　　　　$x+11=M$ とおく。

　$=(M+11)(M-11)$

　$=(x+11+11)(x+11-11)$　もとに戻す。

　$=(x+22)x=x(x+22)$

❽ (1) $(x+3)(y-3)$　　(2) $(3a-2)(b-2)$

　(3) $(x+2)(y-5)$　　(4) $(x-3)(y-4)$

解き方 共通因数に着目する。

(1) $x(y-3)+3y-9$

　$=x(y-3)+3(y-3)=(x+3)(y-3)$

(2) $(3a-2)b-6a+4$

　$=(3a-2)b-2(3a-2)=(3a-2)(b-2)$

(3) $xy-5x+2y-10$

　$=x(y-5)+2(y-5)=(x+2)(y-5)$

(4) $xy-4x-3y+12$

　$=x(y-4)-3(y-4)=(x-3)(y-4)$

❾ (1) 式 27^2-17^2　　　面積 440 m^2

　(2) 170π cm^2

解き方 因数分解の公式を利用すれば簡単に計算できる。

(1) $27^2-17^2=(27+17)(27-17)$

　$=44\times10=440$（m^2）

(2) $\pi\times13.5^2-\pi\times3.5^2=\pi(13.5+3.5)(13.5-3.5)$

　$=\pi\times17\times10=170\pi$（cm^2）

❿ (1) 11025　　(2) 9025　　(3) 160

解き方 乗法の公式や因数分解の公式を利用すると，簡単に計算することができる。

(1) $105^2=(100+5)^2=100^2+2\times5\times100+5^2$

　$=10000+1000+25=11025$

(2) $95^2=(100-5)^2=100^2-2\times5\times100+5^2$

　$=10000-1000+25=9025$

(3) $22^2-18^2=(22+18)(22-18)$

　$=40\times4=160$

⓫(1)連続する2つの偶数は，n を整数とすると，$2n$，$2n+2$ と表すことができる。

大きいほうの数の2乗から小さいほうの数の2乗をひいた差は，

$$(2n+2)^2-(2n)^2=4n^2+8n+4-4n^2$$
$$=8n+4$$
$$=4(2n+1)$$

$2n+1$ は整数だから，連続する2つの偶数の大きいほうの数の2乗から小さいほうの数の2乗をひいた差は4の倍数になる。

(2)連続する2つの奇数は，n を整数とすると，$2n-1$，$2n+1$ と表すことができる。

大きいほうの数の2乗から小さいほうの数の2乗をひいた差は，

$$(2n+1)^2-(2n-1)^2$$
$$=4n^2+4n+1-(4n^2-4n+1)$$
$$=8n$$

n は整数だから，連続する2つの奇数の大きいほうの数の2乗から小さいほうの数の2乗をひいた差は8の倍数になる。

解き方 4の倍数，8の倍数であることを示すには，それぞれ 4×（整数），8×（整数）となることをいえばよい。

(1)$4(2n+1)$ となるので，その2つの偶数の間の数（奇数）の4倍になるともいえる。

(2)連続する2つの奇数を $2n+1$，$2n+3$ とおいて証明してもよい。この場合は

$$(2n+3)^2-(2n+1)^2$$
$$=4n^2+12n+9-(4n^2+4n+1)$$
$$=8(n+1)$$ となる。

⓬正方形 ABCD の面積は a^2 cm²，正方形 ECFG の面積は b^2 cm²，BF の長さを1辺とする正方形の面積は $(a+b)^2$ cm² だから，

$$(a+b)^2-(a^2+b^2)=2ab(\text{cm}^2)$$

また，長方形 JBCH は縦が $2b$ cm，横が a cm の長方形だから，その面積は，

$$2b\times a=2ab(\text{cm}^2)$$

したがって，BF を1辺とする正方形の面積から2つの正方形 ABCD と ECFG の面積の和をひいた差は，長方形 JBCH の面積に等しくなる。

解き方 それぞれの面積を a，b を使った式で表して計算する。

⓭$(100\pi-10\pi x)$ cm²

解き方 斜線の部分の面積は，

（半円 O の面積）−（半円 P の面積）
+（半円 Q の面積）

で求めることができる。

半円 O の面積は $\frac{1}{2}\pi\times10^2(\text{cm}^2)$

半円 P の面積は $\frac{1}{2}\pi\times x^2=\frac{1}{2}\pi x^2(\text{cm}^2)$

半円 Q は半径が

$$\frac{\text{AB}-\text{AC}}{2}=\frac{20-2x}{2}=10-x(\text{cm})$$

だから，面積は $\frac{1}{2}\pi\times(10-x)^2(\text{cm}^2)$

したがって，斜線部分の面積は

$$\frac{1}{2}\pi\times10^2-\frac{1}{2}\pi x^2+\frac{1}{2}\pi\times(10-x)^2$$
$$=\frac{1}{2}\pi\{10^2-x^2+(10-x)^2\}$$
$$=\frac{1}{2}\pi(200-20x)$$
$$=100\pi-10\pi x(\text{cm}^2)$$

「$(100\pi-10\pi x)\text{cm}^2$」と「$100\pi-10\pi x(\text{cm}^2)$」のどちらでもよい。

❶(1) $6x^2-9x$ (2) $-2x+5y$

(3) $12x^2-18xy+36x$ (4) $2x-4y$

(5) $6x^2+18xy+9x$ (6) $18xy+12y^2-6y$

❷(1) $x^2-5x-14$ (2) $x^2+8x+16$

(3) $9x^2-30x+25$ (4) $x^2-\dfrac{1}{2}x+\dfrac{1}{16}$

(5) $x^2+2xy+y^2-9$ (6) $2x^2+2x+1$

❸(1) $(x-4)(x+8)$ (2) $(x+8)^2$

(3) $(7x+y)(7x-y)$ (4) $3(x+3)(x-7)$

(5) $(x+1)(x-1)$ (6) $(x-3)(1-2y)$

❹(1) 1519 (2) 10609

❺n を整数とすると，連続する 3 つの整数は

n，$n+1$，$n+2$ と表すことができるから，

$(n+1)^2-1=n^2+2n=n(n+2)$

したがって，連続する 3 つの整数の真ん中の数の 2 乗から 1 をひいた数は，他の 2 つの整数の積に等しい。

❻正方形 ABCD の面積は，$(a+b)^2$ cm²

図の色のついた部分の面積は，

$(a+b)^2-a^2-b^2=2ab(\text{cm}^2)$

この面積は，a cm，b cm の辺を 2 辺とする長方形の面積 ab cm² の 2 倍である。

解き方

❶(1) $3x(2x-3)=3x\times2x-3x\times3=6x^2-9x$

(2) $(8x^2-20xy)\div(-4x)=\dfrac{8x^2-20xy}{-4x}$

$=-2x+5y$

(3) $(2x-3y+6)\times6x=2x\times6x-3y\times6x+6\times6x$

$=12x^2-18xy+36x$

(4) $(3x^2y-6xy^2)\div\dfrac{3}{2}xy=(3x^2y-6xy^2)\div\dfrac{3xy}{2}$

$=(3x^2y-6xy^2)\times\dfrac{2}{3xy}$

$=3x^2y\times\dfrac{2}{3xy}-6xy^2\times\dfrac{2}{3xy}=2x-4y$

(5) $(4x+12y+6)\times\dfrac{3}{2}x$

$=4x\times\dfrac{3}{2}x+12y\times\dfrac{3}{2}x+6\times\dfrac{3}{2}x$

$=6x^2+18xy+9x$

(6) $(12x^2y+8xy^2-4xy)\div\dfrac{2}{3}x$

$=(12x^2y+8xy^2-4xy)\times\dfrac{3}{2x}$

$=12x^2y\times\dfrac{3}{2x}+8xy^2\times\dfrac{3}{2x}-4xy\times\dfrac{3}{2x}$

$=18xy+12y^2-6y$

❷乗法の公式を使って計算する。

(1) $(x+2)(x-7)=x^2+(2-7)x+2\times(-7)$

$=x^2-5x-14$

(2) $(x+4)^2=x^2+2\times4\times x+4^2=x^2+8x+16$

(3) $(3x-5)^2=(3x)^2-2\times5\times3x+5^2$

$=9x^2-30x+25$

(4) $\left(x-\dfrac{1}{4}\right)^2=x^2-2\times\dfrac{1}{4}\times x+\left(\dfrac{1}{4}\right)^2$

$=x^2-\dfrac{1}{2}x+\dfrac{1}{16}$

(5) $(x-3+y)(x+3+y)=(x+y-3)(x+y+3)$

$=(x+y)^2-9=x^2+2xy+y^2-9$

(6) $(x+1)(x-3)+(x+2)^2$

$=x^2-2x-3+x^2+4x+4=2x^2+2x+1$

❸因数分解の公式を使う。

(1) 積が -32，和が 4 になる数は -4 と 8

(2) $x^2+16x+64=x^2+2\times8\times x+8^2=(x+8)^2$

(3) $49x^2-y^2=(7x)^2-y^2=(7x+y)(7x-y)$

(4) まず共通因数でくくる。

$3x^2-12x-63=3(x^2-4x-21)$

$=3(x+3)(x-7)$

(5) $x+3=M$ とおくと，

$(x+3)^2-6(x+3)+8=M^2-6M+8$

$=(M-2)(M-4)$

M を $x+3$ に戻すと，

$(M-2)(M-4)=(x+3-2)(x+3-4)$

$=(x+1)(x-1)$

(6) $x-3-2xy+6y=x-3-2y(x-3)$

$=(x-3)(1-2y)$

❹(1) $31\times49=(40-9)\times(40+9)$

$=1600-81=1519$

(2) $103^2=(100+3)^2=100^2+2\times100\times3+3^2$

$=10609$

❺連続する 3 つの整数を $n-1$，n，$n+1$ としてもよい。$n^2-1=(n+1)(n-1)$

❻それぞれの面積を a，b を使って表す。

2章 平方根

1節 平方根

p.13-14 Step ❷

❶ (1) 順に 5, -5, 5, -5

(2) 順に 11, -11, 11, -11

(3) 順に 0.3, -0.3, 0.3, -0.3

(4) 順に $\dfrac{5}{9}$, $-\dfrac{5}{9}$, $\dfrac{5}{9}$, $-\dfrac{5}{9}$

解き方 2乗して a になる数が a の平方根である。

(1) $5^2=25$, $(-5)^2=25$ である。

(3) $0.3^2=0.09$, $(-0.3)^2=0.09$

❷ (1) $\sqrt{11}$ と $-\sqrt{11}$ または $\pm\sqrt{11}$

(2) $\sqrt{14}$ と $-\sqrt{14}$ または $\pm\sqrt{14}$

(3) $\sqrt{0.1}$ と $-\sqrt{0.1}$ または $\pm\sqrt{0.1}$

(4) $\sqrt{\dfrac{3}{7}}$ と $-\sqrt{\dfrac{3}{7}}$ または $\pm\sqrt{\dfrac{3}{7}}$

解き方 平方根には正の数と負の数の2つある。

❸ (1) $\sqrt{5}$ cm (2) $\sqrt{7}$ cm (3) $2\sqrt{17}\pi$ cm

解き方 (2)円の半径を r cm とすると, 面積 πr^2 cm^2 が 7π cm^2 だから, 半径 r は $\sqrt{7}$ cm

(3) 円の半径を r cm とすると, 円の面積 πr^2 cm^2 が 17π cm^2 だから, 半径は $\sqrt{17}$ cm

したがって, 円周の長さは

$2\pi\times\sqrt{17}=2\sqrt{17}\pi$(cm)

❹ (1) 7 (2) -13 (3) $\dfrac{1}{4}$

(4) 8 (5) 9 (6) 0.2

解き方 根号内の数がどの数の2乗になっているか考える。

(1) $\sqrt{49}=\sqrt{7^2}=7$

(2) $-\sqrt{169}=-\sqrt{13^2}=-13$

(3) $\sqrt{\dfrac{1}{16}}=\sqrt{\left(\dfrac{1}{4}\right)^2}=\dfrac{1}{4}$

(4) $(\sqrt{8})^2=\sqrt{8}\times\sqrt{8}=8$

(5) $(-\sqrt{(-3)^2})^2=(-\sqrt{9})^2=(-3)^2=9$

(6) $\sqrt{0.04}=\sqrt{0.2^2}=0.2$

❺ (1) $\sqrt{17}<\sqrt{21}$ (2) $7>\sqrt{47}$

(3) $-\sqrt{18}>-\sqrt{23}$ (4) $-\sqrt{30}<-5$

(5) $\sqrt{0.3}<\sqrt{0.4}$ (6) $-\sqrt{0.01}<-0.02$

解き方 根号の中の数の大小を比べる。根号のついていない数は根号がついた数に直してから比べる。

(2) $7=\sqrt{49}$ で, $\sqrt{49}>\sqrt{47}$ だから, $7>\sqrt{47}$

(3) $18<23$ だから, $\sqrt{18}<\sqrt{23}$ より, $-\sqrt{18}>-\sqrt{23}$

(6) $-0.02=-\sqrt{0.0004}$, または $-\sqrt{0.01}=-0.1$ と直して比べる。

❻ (1) $\sqrt{17}<5<\sqrt{26}$

(2) $-\sqrt{26}<-5<-\sqrt{17}$

(3) $-\sqrt{13}<-\sqrt{11}<0$

解き方 根号の中の数の大小を比べる。

(1) $5=\sqrt{25}$ で, $17<25<26$

(2) 負の数は, 絶対値が大きいほど小さい。

❼ 有理数 $\sqrt{121}$, $\sqrt{0.0004}$

無理数 $-\sqrt{8}$, $\sqrt{\dfrac{81}{1000}}$

解き方 根号の中が有理数の2乗になっている数が有理数で, それ以外はすべて無理数である。

$\sqrt{121}=\sqrt{11^2}=11$, $\sqrt{0.0004}=\sqrt{0.02^2}=0.02$

2節 平方根の計算

3節 平方根の活用

p.16-17 Step ❷

❶ (1) $\sqrt{14}$ (2) $\sqrt{55}$

(3) 9 (4) 12

解き方 (1) $\sqrt{2}\times\sqrt{7}=\sqrt{2\times7}=\sqrt{14}$

(2) $\sqrt{5}\times\sqrt{11}=\sqrt{5\times11}=\sqrt{55}$

(3) $\sqrt{3}\times\sqrt{27}=\sqrt{3}\times(\sqrt{3}\times\sqrt{9})=3\times3=9$

(4) $\sqrt{6}\times\sqrt{24}=\sqrt{6}\times(\sqrt{6}\times\sqrt{4})=6\times2=12$

❷ (1) $\sqrt{15}$ (2) $\sqrt{6}$

(3) 2 (4) $\sqrt{11}$

解き方 (1) $\sqrt{45}\div\sqrt{3}=\sqrt{\dfrac{45}{3}}=\sqrt{15}$

(3) $\sqrt{28}\div\sqrt{7}=\sqrt{\dfrac{28}{7}}=\sqrt{4}=2$

❸ (1) $\sqrt{20}$　　　　　　(2) $\sqrt{98}$
　　(3) $4\sqrt{3}$　　　　　　(4) $6\sqrt{2}$

解き方 (1), (2)は $a\sqrt{b} \to \sqrt{a^2 b}$, (3), (4)は $\sqrt{a^2 b} \to a\sqrt{b}$ の変形。

(1) $2\sqrt{5} = \sqrt{2^2 \times 5} = \sqrt{20}$
(2) $7\sqrt{2} = \sqrt{7^2 \times 2} = \sqrt{98}$
(3) $\sqrt{48} = \sqrt{4^2 \times 3} = 4\sqrt{3}$
(4) $\sqrt{72} = \sqrt{6^2 \times 2} = 6\sqrt{2}$

❹ (1) $6\sqrt{3}$　　　　　　(2) $6\sqrt{10}$
　　(3) $2\sqrt{7}$　　　　　　(4) 6

解き方 (1) $\sqrt{6} \times \sqrt{18} = \sqrt{6} \times (\sqrt{6} \times \sqrt{3})$
$= 6\sqrt{3}$

(2) $\sqrt{24} \times \sqrt{15} = (\sqrt{3} \times \sqrt{8}) \times (\sqrt{3} \times \sqrt{5})$
$= (\sqrt{3})^2 \times \sqrt{40} = 3 \times 2\sqrt{10} = 6\sqrt{10}$

(3) $6\sqrt{21} \div 3\sqrt{3} = \dfrac{6\sqrt{21}}{3\sqrt{3}} = 2\sqrt{7}$

(4) $\sqrt{45} \times \sqrt{32} \div 2\sqrt{10} = \dfrac{3\sqrt{5} \times 4\sqrt{2}}{2\sqrt{10}} = 6$

❺ (1) $\dfrac{\sqrt{3}}{3}$　　　(2) $3\sqrt{7}$　　　(3) $\dfrac{\sqrt{15}}{5}$

解き方 分母が整数となるように, 分母と分子に同じ数をかける。

(1) $\dfrac{1}{\sqrt{3}} = \dfrac{1 \times \sqrt{3}}{\sqrt{3} \times \sqrt{3}} = \dfrac{\sqrt{3}}{3}$

(2) $\dfrac{21}{\sqrt{7}} = \dfrac{21 \times \sqrt{7}}{\sqrt{7} \times \sqrt{7}} = \dfrac{21\sqrt{7}}{7} = 3\sqrt{7}$

(3) $\dfrac{\sqrt{3}}{\sqrt{5}} = \dfrac{\sqrt{3} \times \sqrt{5}}{\sqrt{5} \times \sqrt{5}} = \dfrac{\sqrt{15}}{5}$

❻ (1) 44.72　　　　　　(2) 14.14
　　(3) 0.4472　　　　　(4) 0.1414

解き方 $\sqrt{2000}$ は $\sqrt{20}$ の値の 10 倍, $\sqrt{200}$ は $\sqrt{2}$ の値の 10 倍になっている。

(1) $\sqrt{2000} = \sqrt{20 \times 100} = \sqrt{20} \times 10$
$= 4.472 \times 10 = 44.72$

(2) $\sqrt{200} = \sqrt{2 \times 100} = \sqrt{2} \times 10 = 14.14$

(3) $\sqrt{0.2} = \sqrt{\dfrac{20}{100}} = \dfrac{\sqrt{20}}{10} = 0.4472$

(4) $\sqrt{0.02} = \sqrt{\dfrac{2}{100}} = \dfrac{\sqrt{2}}{10} = 0.1414$

❼ (1) $9\sqrt{2}$　　　　(2) $-6\sqrt{5}$　　(3) $2\sqrt{2} + \sqrt{6}$
　　(4) $2\sqrt{2} + 3\sqrt{3}$　(5) 0　　　　(6) $\sqrt{3} - \sqrt{6}$

解き方 根号の中が同じ数どうしをまとめる。

❽ (1) $6 + \sqrt{6}$　　　　　　(2) $-3 + 2\sqrt{5}$
　　(3) $13 - 2\sqrt{30}$　　　　(4) 1

解き方 分配法則や乗法の公式を使って計算する。

(1) $\sqrt{2}(\sqrt{18} + \sqrt{3}) = \sqrt{2} \times \sqrt{18} + \sqrt{2} \times \sqrt{3}$
$= \sqrt{36} + \sqrt{6} = 6 + \sqrt{6}$

(2) $(\sqrt{5} + 4)(\sqrt{5} - 2) = (\sqrt{5})^2 + (4 - 2)\sqrt{5} - 8$
$= 5 + 2\sqrt{5} - 8 = -3 + 2\sqrt{5}$

(3) $(\sqrt{3} - \sqrt{10})^2 = (\sqrt{3})^2 - 2 \times \sqrt{3} \times \sqrt{10} + (\sqrt{10})^2$
$= 3 - 2\sqrt{30} + 10 = 13 - 2\sqrt{30}$

(4) $(\sqrt{7} + \sqrt{6})(\sqrt{7} - \sqrt{6}) = (\sqrt{7})^2 - (\sqrt{6})^2$
$= 7 - 6 = 1$

❾ (1) $3 - 6\sqrt{3}$　　　　　　(2) 3

解き方 式を簡単にしてから代入する。

(1) $x^2 - 9 = (x + 3)(x - 3) = (\sqrt{3} - 3 + 3)(\sqrt{3} - 3 - 3)$
$= \sqrt{3}(\sqrt{3} - 6) = 3 - 6\sqrt{3}$

(2) $x^2 + 6x + 9 = (x + 3)^2 = (\sqrt{3} - 3 + 3)^2 = (\sqrt{3})^2$
$= 3$

❿ $20\sqrt{2}$ cm²

解き方 B の正方形の 1 辺の長さを x cm とすると, この正方形の面積は 50 cm² なので, $x^2 = 50$ で, $x > 0$ より, $x = \sqrt{50} = 5\sqrt{2}$ (cm²)

A の正方形の 1 辺は $(x + 1)$ cm, C の正方形の 1 辺は $(x - 1)$ cm と表すことができるから, その面積の差は,
$(x + 1)^2 - (x - 1)^2 = x^2 + 2x + 1 - (x^2 - 2x + 1) = 4x$
$x = 5\sqrt{2}$ だから, $4x = 4 \times 5\sqrt{2} = 20\sqrt{2}$ (cm²)

⓫ (1) 5　　　　　　　　(2) 0.00005

解き方 (誤差) = (近似値) - (真の値)

(1) $7.4 \times 10^2 = 740$, $735 \leqq$ (真の値) < 745
だから, 最も大きい誤差は, $740 - 735 = 5$

(2) $5.3 \times \dfrac{1}{10^3} = 5.3 \times 0.001 = 0.0053$

$0.00525 \leqq$ (真の値) < 0.00535 だから, 最も大きい誤差は, $0.0053 - 0.00525 = 0.00005$

p.18-19 **Step 3**

❶ (1) $\pm\sqrt{47}$ (2) ± 9 (3) -4 (4) 5

❷ (1) $8>\sqrt{63}$ (2) $-5<-\sqrt{24}$

(3) $2\sqrt{3}<4<3\sqrt{2}$

❸ (1) $\sqrt{35}$ (2) $16\sqrt{3}$ (3) 3 (4) 1

(5) $8\sqrt{11}$ (6) $6\sqrt{2}-2\sqrt{3}$ (7) $-2\sqrt{2}$ (8) 0

(9) $11\sqrt{3}$ (10) $3\sqrt{2}+6$ (11) $8-4\sqrt{3}$ (12) 17

❹ (1) $5-\sqrt{5}$ (2) $5-6\sqrt{5}$

❺ $9-7\sqrt{3}$

❻ (1) 7 (2) 2, 3, 4, 5

❼ (1) $a\leqq 15$ (2) 3 個

❽ (1) 1, 9, 2 (2) 1, 9, 2, 0

解き方

❶ $a>0$ のとき，a の平方根には，正の数 $\sqrt{a}$ と負の数 $-\sqrt{a}$ の 2 つがある。まとめて $\pm\sqrt{a}$ と表すことがある。

(3) $-\sqrt{16}=-\sqrt{4^2}=-4$

(4) $\sqrt{(-5)^2}=\sqrt{25}=5$

❷ 根号がついていない数は，根号がついた数に直してから比べる。

(1) $8=\sqrt{64}$ で，$64>63$ だから，$\sqrt{64}>\sqrt{63}$

(2) $5=\sqrt{25}$ で，$\sqrt{25}>\sqrt{24}$ だから，

$-\sqrt{25}<-\sqrt{24}$

(3) $4=\sqrt{16}$，$2\sqrt{3}=\sqrt{12}$，$3\sqrt{2}=\sqrt{18}$ で，

$12<16<18$ だから，$\sqrt{12}<\sqrt{16}<\sqrt{18}$

❸ (1) $\sqrt{7}\times\sqrt{5}=\sqrt{7\times5}=\sqrt{35}$

(2) $2\sqrt{8}\times\sqrt{24}=2\times\sqrt{8}\times(\sqrt{8}\times\sqrt{3})$

$=2\times8\times\sqrt{3}=16\sqrt{3}$

(3) $\sqrt{27}\div\sqrt{3}=\dfrac{\sqrt{27}}{\sqrt{3}}=\sqrt{\dfrac{27}{3}}=\sqrt{9}=3$

(4) $8\sqrt{7}\div4\sqrt{28}=\dfrac{8\sqrt{7}}{4\sqrt{28}}=\dfrac{8\sqrt{7}}{4\times2\sqrt{7}}=1$

(5) $7\sqrt{11}+\sqrt{11}=(7+1)\sqrt{11}=8\sqrt{11}$

(6) $5\sqrt{8}-2\sqrt{3}-4\sqrt{2}=5\times2\sqrt{2}-2\sqrt{3}-4\sqrt{2}$

$=10\sqrt{2}-2\sqrt{3}-4\sqrt{2}=6\sqrt{2}-2\sqrt{3}$

(7) $\sqrt{18}-\sqrt{50}=3\sqrt{2}-5\sqrt{2}=-2\sqrt{2}$

(8) $\sqrt{2}+\sqrt{32}-\sqrt{50}=\sqrt{2}+4\sqrt{2}-5\sqrt{2}=0$

(9) $3\sqrt{27}+\dfrac{6}{\sqrt{3}}=3\times3\sqrt{3}+\dfrac{6\sqrt{3}}{3}$

$=9\sqrt{3}+2\sqrt{3}=11\sqrt{3}$

(10) $\sqrt{3}(\sqrt{6}+2\sqrt{3})=\sqrt{3}\times\sqrt{6}+\sqrt{3}\times2\sqrt{3}$

$=\sqrt{18}+6=3\sqrt{2}+6$

(11) $(\sqrt{6}-\sqrt{2})^2=(\sqrt{6})^2-2\times\sqrt{6}\times\sqrt{2}+(\sqrt{2})^2$

$=6-2\sqrt{12}+2=8-2\times2\sqrt{3}=8-4\sqrt{3}$

(12) $(2\sqrt{5}-\sqrt{3})(2\sqrt{5}+\sqrt{3})$

$=(2\sqrt{5})^2-(\sqrt{3})^2=20-3=17$

❹ 式を簡単にしてから代入する。

(1) $x^2+5x+6=(x+2)(x+3)$

$=(\sqrt{5}-3+2)(\sqrt{5}-3+3)$

$=(\sqrt{5}-1)\times\sqrt{5}=5-\sqrt{5}$

(2) $x^2-9=(x+3)(x-3)$

$=(\sqrt{5}-3+3)(\sqrt{5}-3-3)$

$=\sqrt{5}(\sqrt{5}-6)=5-6\sqrt{5}$

❺ $1<\sqrt{3}<2$ だから，$\sqrt{3}$ の小数部分 a は，

$a=\sqrt{3}-1$

この値を $a(a-5)$ に代入すると，

$(\sqrt{3}-1)(\sqrt{3}-1-5)=(\sqrt{3}-1)(\sqrt{3}-6)$

$=3-7\sqrt{3}+6=9-7\sqrt{3}$

❻ (1) 根号の中の数が自然数の 2 乗になるような n の値のうち最小のものを求める。

$28=2^2\times7$

したがって，$n=7$

(2) $6<\sqrt{28n}<12$ より，$36<28n<144$ となる自然数 n の値を求めればよい。

$28\times2=56$，$28\times3=84$，$28\times4=112$，

$28\times5=140$

したがって，n の値は，2，3，4，5

❼ (1) 根号の中の数は 0 以上でなければならない。

(2) (1)の結果から，$n\leqq 15$ である。また，n は自然数だから，$n\geqq 1$

$\sqrt{15-n}<\sqrt{16}=4$ より，$\sqrt{15-n}$ が自然数になるのは 3，2，1，すなわち $\sqrt{9}$，$\sqrt{4}$，$\sqrt{1}$ の場合だから，

$15-n=9 \rightarrow n=6$，$15-n=4 \rightarrow n=11$

$15-n=1 \rightarrow n=14$，以上の 3 個である。

❽ (1) 1920 m の「0」は位取りのための 0 であり，有効数字ではない。一の位を四捨五入して得られた近似値と考えられるので，有効数字は，1，9，2 である。

(2) 小数第一位を四捨五入して得られた近似値と考えられるので，有効数字は，1，9，2，0 である。

3章 2次方程式

1節 2次方程式とその解き方

2節 2次方程式の活用

p.21-23 **Step ❷**

❶ ①と③

解き方 移項して整理したときに，$(x \text{ の 2 次式})=0$ になるかどうか調べる。

① $2x^2-3x-1=0$ ② $5x-1=0$ ③ $x^2-8x=0$

❷ -1 と 3

解き方 2次方程式に，それぞれの値を代入して等式が成り立つかどうかを調べる。

たとえば，$x=-1$ を代入すると，

$(-1)^2-2\times(-1)-3=1+2-3=0$

となるから，成り立つ。$x=3$ を代入すると，

$3^2-2\times3-3=9-6-3=0$

となるから，成り立つ。

他の値について確かめると，左辺は 0 にならないので，成り立たないことがわかる。

なお，与えられた方程式は，左辺を因数分解すると，$(x+1)(x-3)=0$ となることから，解は，$x=-1$，$x=3$ であることがわかる。

❸ (1) $x=-3$，$x=5$ (2) $x=0$，$x=5$

解き方 「$AB=0$ ならば $A=0$ または $B=0$」を利用する。

(1) $(x+3)(x-5)=0$ ならば

$x+3=0$ または $x-5=0$

したがって，解は，$x=-3$，$x=5$

(2) $x(5-x)=0$ ならば

$x=0$ または $5-x=0$

したがって，解は，$x=0$，$x=5$

❹ (1) $x=1$，$x=3$ (2) $x=2$，$x=-7$
(3) $x=3$ (4) $x=-5$
(5) $x=-7$，$x=7$ (6) $x=0$，$x=8$

解き方 左辺を因数分解して解く。

(1) $(x-1)(x-3)=0$ より，$x=1$，$x=3$

(2) $(x-2)(x+7)=0$ より，$x=2$，$x=-7$

(3) $(x-3)^2=0$ より，$x=3$

(4) $(x+5)^2=0$ より，$x=-5$

(5) $(x+7)(x-7)=0$ より，$x=-7$，$x=7$

(6) $x(x-8)=0$ より，$x=0$，$x=8$

❺ (1) $x=\pm\sqrt{3}$ (2) $x=\pm\dfrac{\sqrt{5}}{2}$
(3) $x=-3\pm\sqrt{5}$ (4) $x=5\pm4\sqrt{3}$

解き方 (1) $x^2=3$ より，$x=\pm\sqrt{3}$

(2) $4x^2=5$，$x^2=\dfrac{5}{4}$ より，$x=\pm\dfrac{\sqrt{5}}{2}$

(3) $x+3=\pm\sqrt{5}$ より，$x=-3\pm\sqrt{5}$

(4) $(x-5)^2=48$，$x-5=\pm\sqrt{48}$ より，

$x=5\pm4\sqrt{3}$

$\sqrt{}$ の中はできるだけ簡単にする。

❻ (1) $x=5$，$x=-1$ (2) $x=-3\pm2\sqrt{2}$

解き方 $(x+\bullet)^2=\blacktriangle$ の形に変形して解く。

(1) 定数項 -5 を移項すると，

$x^2-4x=5$

両辺に，x の係数 -4 の $\dfrac{1}{2}$ の 2 乗の $(-2)^2$ を加えると，

$x^2-4x+(-2)^2=5+(-2)^2$

$(x-2)^2=9$

$x-2=\pm3$

したがって，$x=5$，$x=-1$

(2) 定数項 1 を移項すると，

$x^2+6x=-1$

両辺に，x の係数 6 の $\dfrac{1}{2}$ の 2 乗の 3^2 を加えると，

$x^2+6x+3^2=-1+3^2$

$(x+3)^2=8$

$x+3=\pm2\sqrt{2}$

したがって，$x=-3\pm2\sqrt{2}$

❼ (1) $x=\dfrac{-3\pm\sqrt{17}}{4}$ (2) $x=1$，$x=\dfrac{1}{4}$
(3) $x=\dfrac{2\pm\sqrt{19}}{3}$ (4) $x=\dfrac{-3\pm\sqrt{3}}{2}$

解き方 解の公式を用いて解く。

(1) $a=2$，$b=3$，$c=-1$ だから，

$x=\dfrac{-3\pm\sqrt{3^2-4\times2\times(-1)}}{2\times2}=\dfrac{-3\pm\sqrt{17}}{4}$

(2) $a=4$, $b=-5$, $c=1$ だから,

$$x = \frac{-(-5)\pm\sqrt{(-5)^2-4\times4\times1}}{2\times4} = \frac{5\pm3}{8}$$

したがって, $x=1$, $x=\dfrac{1}{4}$

(3) $a=3$, $b=-4$, $c=-5$ だから,

$$x = \frac{-(-4)\pm\sqrt{(-4)^2-4\times3\times(-5)}}{2\times3}$$

$$= \frac{4\pm\sqrt{76}}{6} = \frac{4\pm2\sqrt{19}}{6} = \frac{2\pm\sqrt{19}}{3}$$

(4) $a=2$, $b=6$, $c=3$ だから,

$$x = \frac{-6\pm\sqrt{6^2-4\times2\times3}}{2\times2} = \frac{-6\pm\sqrt{12}}{4}$$

$$= \frac{-6\pm2\sqrt{3}}{4} = \frac{-3\pm\sqrt{3}}{2}$$

❽ (1) $x=-2$, $x=-3$ (2) $x=3$, $x=4$

(3) $x=-1$, $x=5$ (4) $x=0$, $x=3$

(5) $x=0$, $x=12$ (6) $x=-4$, $x=4$

解き方 x^2 の係数を 1 にして, 式を簡単な形にして

から解く。

(1) 両辺を 5 でわると, $x^2+5x+6=0$

$(x+2)(x+3)=0$ より, $x=-2$, $x=-3$

(2) 両辺を 2 でわると, $x^2-7x+12=0$

$(x-3)(x-4)=0$ より, $x=3$, $x=4$

(3) 両辺を -3 でわると, $x^2-4x-5=0$

$(x+1)(x-5)=0$ より, $x=-1$, $x=5$

(4) 両辺を 3 でわると, $x^2-3x=0$

$x(x-3)=0$ より, $x=0$, $x=3$

(5) 両辺に 2 をかけると, $x^2-12x=0$

$x(x-12)=0$ より, $x=0$, $x=12$

(6) 両辺に 4 をかけると, $x^2-16=0$

$(x+4)(x-4)=0$ より, $x=-4$, $x=4$

あるいは, $x^2=16$ より, $x=\pm4$

❾ (1) $x=0$, $x=5$ (2) $x=2$, $x=-12$

(3) $x=-4$, $x=-7$ (4) $x=3$, $x=-5$

(5) $x=-5$, $x=2$ (6) $x=-3$

解き方 (x の 2 次式)$=0$ の形に直してから解く。

(1) $x^2-5x+6=6$　　　$x^2-5x=0$

$x(x-5)=0$ より, $x=0$, $x=5$

(2) $x^2+10x-24=0$

$(x-2)(x+12)=0$ より, $x=2$, $x=-12$

(3) $x^2+11x+28=0$

$(x+4)(x+7)=0$ より, $x=-4$, $x=-7$

(4) $x^2+2x-15=0$

$(x-3)(x+5)=0$ より, $x=3$, $x=-5$

(5) 共通因数が $x+5$ であることに着目すると,

$(x+5)^2-7(x+5)=0$

$(x+5)\{(x+5)-7\}=0$

$(x+5)(x-2)=0$ より, $x=-5$, $x=2$

(6) $2x^2+12x+18=0$

両辺を 2 でわると,

$x^2+6x+9=0$

$(x+3)^2=0$ より, $x=-3$

❿ 4 と 9

解き方 小さいほうの自然数を x とすると, 大きい

ほうの自然数は $x+5$ と表すことができる。

したがって,

$$x(x+5)=36$$

これを解くと,

$$x^2+5x-36=0$$

$$(x-4)(x+9)=0$$

$$x=4, \quad x=-9$$

x は自然数だから, $x=-9$ のときは, 問題に適して

いない。

$x=4$ のとき, 2 つの自然数は 4 と 9

⓫ -9, -8, -7 と 7, 8, 9

解き方 真ん中の数を x とすると, 3 つの整数は $x-1$,

x, $x+1$ と表すことができる。したがって,

$$3(x-1)(x+1)=2x^2+61$$

これを解くと,

$$3x^2-3=2x^2+61$$

$$x^2=64$$

$$x=\pm8$$

$x=8$ のとき, 3 つの整数は 7, 8, 9

$x=-8$ のとき, 3 つの整数は -9, -8, -7

これらは, どちらも問題に適している。

問題の条件から, 3 つの数が自然数でなく, 整数であ

ることに注意する。

⓬ 6 cm

解き方 大きい正方形の1辺を x cm とする。このとき,

$$(x-4)^2+x^2=40$$

これを解くと, $x^2-4x-12=0$

$$(x+2)(x-6)=0$$

$$x=-2, \ x=6$$

$x>4$ だから, -2 cm は問題に適していない。6 cm は問題に適している。

⓭ 2 m

解き方 右の図のように, 道路を一方に寄せても, 畑の面積は変わらない。

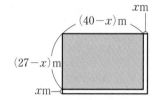

道路の幅を x m とすると, 畑は,

縦 $(27-x)$ m, 横 $(40-x)$ m の長方形と考えることができる。

したがって,

$$(27-x)(40-x)=950$$

これを解くと,

$$x^2-67x+130=0$$

$$(x-2)(x-65)=0$$

$$x=2, \ x=65$$

$0<x<27$ だから, 65 m は問題に適していない。
2 m は問題に適している。

⓮ 4秒後と8秒後

解き方 点Qが辺CD上にあるときと, 辺DA上にあるときとで, 分けて考える。

点P, Qが同時に出発してから t 秒後に進む距離は, Pが t cm, Qが $3t$ cm である。

(i) 点Qが辺CD上にある場合

0≦t≦4 で, このとき,

△APQ の面積は

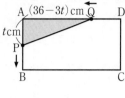

$$\frac{1}{2}\times AP\times AD=\frac{1}{2}\times t\times 24=12t$$

この面積が 48 cm² になるから,

$$12t=48 \qquad t=4$$

したがって, 点PがAを出発してから4秒後である。

(ii) 点Qが辺DA上にある場合

4≦t≦12 で, このとき,

AQ＝CD＋DA－3t

　　＝36－3t だから,

△APQ の面積は

$$\frac{1}{2}\times AP\times AQ$$

$$=\frac{1}{2}\times t\times(36-3t)$$

$$=18t-\frac{3}{2}t^2$$

この面積が 48 cm² になるから,

$$18t-\frac{3}{2}t^2=48$$

これを解くと,

$$t^2-12t+32=0$$

$$(t-4)(t-8)=0$$

$$t=4, \ t=8$$

4≦t≦12 だから, 4秒後も8秒後も問題に適している。

なお, 4秒後の点Qの位置は, (i)で求めた4秒後の点Qの位置と同じ点D上にある。

❶ ⑦と⑦

❷ (1) $x=-1$, $x=-7$　(2) $x=2$, $x=5$

　　(3) $x=-15$　(4) $x=2$, $x=-6$

　　(5) $x=2$, $x=8$　(6) $x=\dfrac{6\pm2\sqrt{6}}{3}$

　　(7) $x=\dfrac{4\pm\sqrt{26}}{5}$　(8) $x=\pm11$

　　(9) $x=7$, $x=8$　(10) $x=5$, $x=-7$

❸ 2, 3, 4

❹ 50 m²

❺ (1) 20 本　(2) 十角形

❻ (1) $a=7$　(2) $x=-3$

解き方

❶ それぞれの方程式に $x=3$ を代入し，(左辺)＝0 に
なるかどうかを調べる。(左辺)＝0 になれば，$x=3$
は，その方程式の解である。

❷ (1) $(x+1)(x+7)=0$ より，$x=-1$, $x=-7$

　(2) $(x-2)(x-5)=0$ より，$x=2$, $x=5$

　(3) $(x+15)^2=0$ より，$x=-15$

　(4) $(x-2)(x+6)=0$ より，$x=2$, $x=-6$

　(5) $x^2-10x+16=0$

　　　$(x-2)(x-8)=0$ より，$x=2$, $x=8$

　(6) 解の公式より，

$$x=\dfrac{-(-12)\pm\sqrt{(-12)^2-4\times3\times4}}{2\times3}$$

$$=\dfrac{12\pm\sqrt{96}}{6}=\dfrac{12\pm4\sqrt{6}}{6}$$

$$=\dfrac{6\pm2\sqrt{6}}{3}$$

　(7) 解の公式より，

$$x=\dfrac{-(-8)\pm\sqrt{(-8)^2-4\times5\times(-2)}}{2\times5}$$

$$=\dfrac{8\pm\sqrt{104}}{10}=\dfrac{8\pm2\sqrt{26}}{10}$$

$$=\dfrac{4\pm\sqrt{26}}{5}$$

　(8) 平方根の考えにより，$x=\pm11$

　　　または，$(x+11)(x-11)=0$ より求める。

　(9) 両辺を 2 でわると，$x^2-15x+56=0$

　　　$(x-7)(x-8)=0$ より，$x=7$, $x=8$

　(10) $x^2+2x-35=0$

　　　$(x-5)(x+7)=0$ より，$x=5$, $x=-7$

❸ 連続する 3 つの自然数を x, $x+1$, $x+2$ とすると，

$$2x(x+1)=(x+1)(x+2)$$

　これを解くと，

$$x^2-x-2=0$$

$$(x+1)(x-2)=0\qquad x=-1,\ x=2$$

　x は自然数だから，-1 は問題に適していない。

　$x=2$ のとき，3 つの自然数は，2，3，4 で，問題
に適している。

❹ もとの長方形の横の長さを x m とすると，

$$(2x+3)(x-2)=\dfrac{1}{2}\times2x\times x+14$$

　整理すると，

$$x^2-x-20=0$$

$$(x+4)(x-5)=0\qquad x=-4,\ x=5$$

　$x>0$ だから，$x=-4$ は問題に適していない。

　$x=5$ のとき，もとの長方形の面積は，

$$2\times5\times5=50(\text{m}^2)$$

　これは，問題に適している。

❺ (1) $\dfrac{n(n-3)}{2}$ に $n=8$ を代入する。

　(2) $\dfrac{n(n-3)}{2}=35\qquad n(n-3)=70$

　　　$n^2-3n-70=0$

　これを解くと，

$$(n+7)(n-10)=0\qquad n=-7,\ n=10$$

　n は 4 以上の自然数だから，$n=-7$ は問題に適し
ていない。$n=10$ は問題に適している。

❻ (1) $3x^2+ax-6=0$ に $x=\dfrac{2}{3}$ を代入すると，

$$3\times\left(\dfrac{2}{3}\right)^2+a\times\dfrac{2}{3}-6=0$$

　これを解くと，$a=7$

　(2) (1) の結果から，方程式は $3x^2+7x-6=0$

　ここで，解の公式を用いると，

$$x=\dfrac{-7\pm\sqrt{7^2-4\times3\times(-6)}}{2\times3}$$

$$=\dfrac{-7\pm\sqrt{121}}{6}=\dfrac{-7\pm11}{6}$$

　したがって，$x=\dfrac{2}{3}$, $x=-3$

　もう 1 つの解は $x=-3$ である。

4章 関数 $y=ax^2$

1節 関数 $y=ax^2$ 2節 関数 $y=ax^2$ の活用

3節 いろいろな関数

p.27-29 **Step 2**

❶ (1)

x	0	1	2	3	4	5	6
x^2	0	1	4	9	16	25	36
y	0	-2	-8	-18	-32	-50	-72

(2) 4倍，9倍，16倍，……になる。

(3) 4倍，9倍，16倍，……になる。

解き方 (2) たとえば，x の値が 1，2，3，4 と，1 から2倍，3倍，4倍になると，対応する x^2 の値は，1 から4，9，16と，4倍，9倍，16倍になる。

(3) たとえば，x^2 の値が1，4，9，16と，1から4倍，9倍，16倍になると，対応する y の値は，-2 から -8，-18，-32 と4倍，9倍，16倍になる。

❷ (1) $y=\dfrac{1}{6}x^2$，$y=\dfrac{2}{3}$ (2) $y=3x^2$，$y=12$

解き方 求める関数の式を $y=ax^2$ とおいて，その式に，x，y の値を代入して a を求める。

(1) $y=ax^2$ に $x=6$，$y=6$ を代入すると，

$6=a\times6^2$ $a=\dfrac{1}{6}$

したがって，求める式は，$y=\dfrac{1}{6}x^2$

$x=-2$ のとき，$y=\dfrac{1}{6}\times(-2)^2=\dfrac{2}{3}$

(2) $y=ax^2$ に $x=-3$，$y=27$ を代入すると，

$27=a\times(-3)^2$ $a=3$

したがって，求める式は，$y=3x^2$

$x=2$ のとき，$y=3\times2^2=12$

❸ 右の図

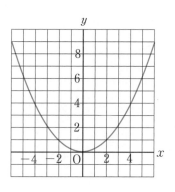

解き方 対応する x，y の値の組を座標とする点をとり，なめらかな曲線で結ぶ。グラフは原点を通る放物線である。

❹ (1)(ア)，(ウ)，(エ)，(ク)，(ケ)

(2)(キ)，(ケ)

(3)(ケ)

解き方 (1) 関数 $y=ax^2$ で，$a<0$ の場合である。

(2) 関数 $y=ax^2$ で，$y=x^2$ のグラフより開き方が大きいグラフは，$-1<a<1$ の場合である。

❺ (1) $y\geqq0$ (2) $4\leqq y\leqq64$ (3) $0\leqq y\leqq16$

解き方 関数 $y=ax^2$ で，x の変域が負の数から正の数までの範囲にあるときは，$x=0$ のときに，y の値は最小の値，または最大の値の0になる。

(3) 右の図のように，グラフをかいて考える。

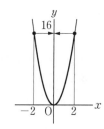

$x=0$ のとき $y=0$

$x=-2$ のとき $y=16$

$x=2$ のとき $y=16$

したがって，$0\leqq y\leqq16$

❻ (1) $a=-\dfrac{1}{2}$ (2) $-\dfrac{9}{2}\leqq y\leqq-\dfrac{1}{2}$

解き方 (1) x の変域は0を含んでおり，y の最大の値は0であるから，グラフは右のようになり，

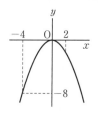

$x=-4$ のとき

$y=-8$ となる。

これより，$a=-\dfrac{1}{2}$

(2) $a=-\dfrac{1}{2}$ のとき，関数は $y=-\dfrac{1}{2}x^2$

したがって，$1\leqq x\leqq3$ における y の変域は

$$-\dfrac{9}{2}\leqq y\leqq-\dfrac{1}{2}$$

❼ (1) −36　　　　　　　(2) 20

解き方 変化の割合は，$\dfrac{(y \text{の増加量})}{(x \text{の増加量})}$

(1) $\dfrac{-4 \times 6^2 - (-4 \times 3^2)}{6-3} = \dfrac{-144+36}{3}$

$= -36$

(2) $\dfrac{-4 \times (-1)^2 - \{-4 \times (-4)^2\}}{-1-(-4)} = \dfrac{-4+64}{3}$

$= 20$

❽ (1) $a = \dfrac{5}{32}$

(2) $y = 10x$

グラフは右の図

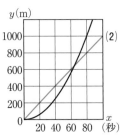

解き方 (1) グラフから，x，y の値が整数になる点の座標を読み取る。

$x=80$ のとき $y=1000$ だから，これを $y=ax^2$ に代入すると，

$$1000 = a \times 80^2$$
$$a = \dfrac{5}{32}$$

(2) バスは秒速 10 m で進むから，

(距離)＝(速さ)×(時間)より，$y=10x$

y は x に比例し，グラフは原点を通る直線である。

❾ (1) $0 \le x \le 4$　　(2) $y = \dfrac{3}{2}x^2$　　(3) $2\sqrt{2}$ 秒後

解き方 点 P，Q は点 B を出発して，同時にそれぞれ点 A，C に到着する。

(1) 点 P は AB 間の 4 cm の距離を秒速 1 cm で動くから A に到着するのに 4 秒かかる。また，点 Q は BC 間の 12 cm の距離を秒速 3 cm で動くから，$12 \div 3 = 4$ より，4 秒かかる。

したがって，x の変域は $0 \le x \le 4$ である。

(2) 点 P，Q が B を出発してから x 秒後の BP，BQ の長さは，それぞれ x cm，$3x$ cm である。

したがって，このときの △BPQ の面積 y cm² は，

$$y = \dfrac{1}{2} \times x \times 3x$$
$$y = \dfrac{3}{2}x^2$$

(3) 長方形 ABCD の面積は

$$4 \times 12 = 48 (\text{cm}^2)$$

したがって，△BPQ の面積が長方形 ABCD の面積の $\dfrac{1}{4}$ になるのは，

$$\dfrac{3}{2}x^2 = \dfrac{1}{4} \times 48$$

のときだから，これを解くと

$$x^2 = 8$$

$x > 0$ だから，

$$x = \sqrt{8} = 2\sqrt{2}$$

よって，$2\sqrt{2}$ 秒後である。

❿ (1) 120 円　　　　　　(2) 140 円

解き方 (1) グラフから，重さが 0 g より重く，50 g 以下のとき，すなわち $0 < x \le 50$ のとき，120 円であることが読み取れる。

(2) 端の点をふくむ場合は • を使って表す。重さが 50 g より重く，100 g 以下のときの料金は 140 円である。

❶ (ア) [×] 式：
　(イ) [○] 式：$y = -3x^2$
　(ウ) [○] 式：$y = \dfrac{1}{3}x^2$

❷ (1) (ア), (ウ), (エ), (オ)
　(2) (ア), (イ), (エ), (オ), (カ), (キ)

❸ (1) $y = 5x^2$　(2) $y = -45$

❹ (1) $0 \leqq y \leqq 27$　(2) $a = -2$

❺ -4

❻ 秒速 24 m

❼ (1) $\dfrac{7}{2}$ cm²

　(2) [式]

　　$0 \leqq x \leqq 3$ のとき
　　　$y = \dfrac{1}{2}x^2$
　　$3 \leqq x \leqq 5$ のとき
　　　$y = \dfrac{3}{2}x$

[グラフ]

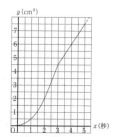

解き方

❶ 表に x^2 の欄を加え，y が x^2 に比例しているかを調べる。

(イ)

x	…	-3	-2	-1	0	1	2	3	…
x^2		9	4	1	0	1	4	9	
y	…	-27	-12	-3	0	-3	-12	-27	…

表より，y は x^2 の -3 倍になっているから
$y = -3x^2$

(ウ)

x	…	-3	-2	-1	0	1	2	3	…
x^2		9	4	1	0	1	4	9	
y	…	3	$\dfrac{4}{3}$	$\dfrac{1}{3}$	0	$\dfrac{1}{3}$	$\dfrac{4}{3}$	3	…

表より，y は x^2 の $\dfrac{1}{3}$ 倍になっているから
$y = \dfrac{1}{3}x^2$

❷ $y = ax^2$ のグラフは放物線(ア)で，原点が頂点(オ)で，y 軸について対称(エ)である。
(1)は上に開いた放物線だから，最小の値がある(ウ)。
(2)は下に開いた放物線(イ)だから，$y \leqq 0$(カ)で，$x > 0$ では，変化の割合は負の数になる(キ)。

❸ 求める式を $y = ax^2$ とおいて，x，y の値を代入して，a の値を求める。

(1) $y = ax^2$ に，$x = 2$，$y = 20$ を代入すると，
　　$20 = a \times 2^2$　　$a = 5$
したがって，$y = 5x^2$

(2) $y = ax^2$ に，$x = -1$，$y = -5$ を代入すると，
　　$-5 = a \times (-1)^2$　　$a = -5$
したがって，$y = -5x^2$
この式に $x = 3$ を代入すると，
　　$y = -5 \times 3^2 = -45$

❹ (1) x の変域に 0 をふくむから，$x = 0$ のときに y は最小の値 0 になる。$x = 3$ のとき y の値は最大となるので，$y = 3 \times 3^2 = 27$
したがって，y の変域は，$0 \leqq y \leqq 27$

(2) $y \leqq 0$ だから，$y = ax^2$ は原点を頂点とする下に開いた放物線であることがわかる。$x = 0$ のとき y は最大の値 0 となり，$x = 3$ のとき，y は最小の値 -18 になる。
したがって，$-18 = a \times 3^2$　　$a = -2$

❺ x の増加量は $6 - 2 = 4$
y の増加量は $-\dfrac{1}{2} \times 6^2 - \left(-\dfrac{1}{2} \times 2^2\right) = -16$
変化の割合は $\dfrac{-16}{4} = -4$

❻ $\dfrac{3 \times 5^2 - 3 \times 3^2}{5 - 3} = \dfrac{75 - 27}{2} = 24$

❼ (1) 点 P は辺 BC 上で BP = 2 cm，点 Q は辺 DC 上で DQ = 4 cm のところにある。PC = QC = 1 cm だから，△APQ の面積は，長方形から △ABP，△PCQ，△ADQ の面積をひいて
　　$(3 \times 5) - \dfrac{1}{2} \times (5 \times 2 + 1 \times 1 + 4 \times 3)$
　　$= \dfrac{7}{2}$ (cm²)

(2) (i) $0 \leqq x \leqq 3$ のとき，点 P は AB 上，点 Q は AD 上にあるから，△APQ は AP = AQ = x (cm) の直角二等辺三角形である。よって，$y = \dfrac{1}{2}x^2$

(ii) $3 \leqq x \leqq 5$ のとき，点 P は AB 上，点 Q は DC 上にあり，底辺を AP = x (cm) とすると，高さは 3 cm で一定だから，$y = \dfrac{3}{2}x$

5章 相似な図形

1節 相似な図形

p.33-34 **Step ❷**

❶ $a=3$, $b=\dfrac{10}{3}$, $c=\dfrac{9}{2}$, $d=\dfrac{20}{3}$

解き方 2つずつの三角形で対応する辺の比を考える。

 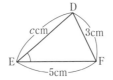

△ABC∽△DEF であるから，対応する辺の比は等しいので，

$$2:3=a:c \qquad\qquad ……①$$

$2:3=b:5$ より， $\qquad b=\dfrac{10}{3}$

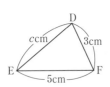 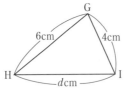

△DEF∽△GHI であるから，対応する辺の比は等しいので，

$3:4=c:6$ より， $\qquad c=\dfrac{9}{2}$ $\qquad ……②$

$3:4=5:d$ より， $\qquad d=\dfrac{20}{3}$

①，②より，

$$2:3=a:\dfrac{9}{2} \qquad a=3$$

❷ (1) $2:3$ (2) $x=6$, $y=4.5$

解き方 (1) 対応する辺の長さの比が相似比である。このとき，とりあげる辺はどの辺でもよい。

$\qquad$ AB：A′B′$=4:6=2:3$

(2) $x:9=2:3$ より， $\qquad x=6$

$\qquad 3:y=2:3$ より， $\qquad y=\dfrac{9}{2}=4.5$

❸ △ABC∽△HIG…2組の角がそれぞれ等しい。

$\qquad$ △DEF∽△PRQ…2組の辺の比が等しく，その間の角が等しい。

解き方 三角形の対応する頂点を同じ位置になるように，図をかきかえるのもよい。

なお，

$\qquad$ △ABC で， ∠A$=55°$

$\qquad$ △HIG で， ∠G$=90°$

$\qquad$ △MNO で， ∠O$=25°$

になる。

❹ △ABD と △ACE で，

$\qquad$ 共通な角だから，

$$∠BAD=∠CAE \qquad\qquad ……①$$

$\qquad$ BD，CE は AC，AB への垂線であるから

$$∠ADB=∠AEC=90° \qquad ……②$$

$\qquad$ ①，②より，2組の角がそれぞれ等しいから，

$$△ABD∽△ACE$$

注意 ②の根拠は「仮定より」でもよい。

解き方 証明する2つの三角形をかくことで，使用する相似条件が見えてくる。

2つの三角形をかくと次のようになる。

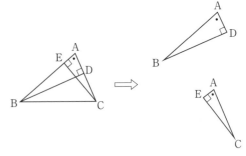

右側の図に条件を入れることで，使用する相似条件として「2組の角がそれぞれ等しい」ことを用いればよいことがわかる。

❺ △ABC∽△ADE より，対応する角は等しいから，

$$\angle BAC = \angle DAE$$

ここで，

$$\angle BAD = \angle BAC - \angle DAC$$
$$\angle CAE = \angle DAE - \angle DAC$$

より，

$$\angle BAD = \angle CAE \qquad \cdots\cdots①$$

△ABD と △ACE で，

△ABC と △ADE の対応する辺の比は等しいから，

$$AB : AD = AC : AE$$

したがって，

$$AB : AC = AD : AE \qquad \cdots\cdots②$$

①，②より，△ABD と △ACE は，2組の辺の比が等しく，その間の角が等しいので，

$$△ABD ∽ △ACE$$

解き方 ∠BAD と ∠CAE を図示すると次のようになる。

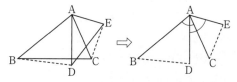

この図で，まず，∠BAD，∠CAE が等しくなることを示す。

$a:b=c:d$ より，$ad=bc$ である。また，$ad=bc$ より $a:c=b:d$

したがって，仮定から $AB:AD=AC:AE$ だから，$AB:AC=AD:AE$ が成り立つ。

❻ (1) △ABE と △ACD で，

仮定から

$$\angle BEC = \angle BDC \qquad \cdots\cdots①$$

また，

$$\angle AEB = 180° - \angle BEC \qquad \cdots\cdots②$$
$$\angle ADC = 180° - \angle BDC \qquad \cdots\cdots③$$

したがって，①，②，③から，

$$\angle AEB = \angle ADC \qquad \cdots\cdots④$$

共通な角だから，

$$\angle BAE = \angle CAD \qquad \cdots\cdots⑤$$

④，⑤から，2組の角がそれぞれ等しいので，

$$△ABE ∽ △ACD$$

(2) 12.5 cm

解き方 (1) 2つの三角形をぬきだし，そこに条件を入れてみる。証明すべき2つの三角形は次のようになる。

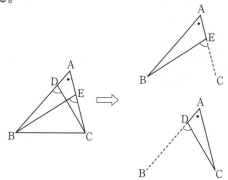

この2つの図から，∠AEB＝∠ADC を示せば，2つの三角形は相似であることを証明できるとわかる。

(2) △ABE∽△ACD であり，相似比は 5：4

BD＝x cm とおくと，

$$AB = 4 + x$$
$$AC = 5 + 8.2 = 13.2$$

よって，AB：AC＝5：4 より，

$$(4+x) : 13.2 = 5 : 4$$
$$66 = 4(4+x)$$
$$x = 12.5$$

❼ 求める図は，下の図の △A'B'C'

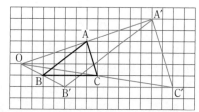

解き方 OA'＝2OA，OB'＝2OB，OC'＝2OC となる点 A'，B'，C' をとり，3点を結ぶ。

2節 平行線と線分の比

`p.36-37` `Step 2`

❶(1) △ADE と △DBF で

DE∥BC より，同位角が等しいから，

∠ADE＝∠DBF

AC∥DF より，同位角が等しいから，

∠DAE＝∠BDF

2組の角がそれぞれ等しいので，

△ADE∽△DBF

(2)(1)より，△ADE∽△DBF だから，

AD：DB＝AE：DF   ……①

仮定より，DE∥FC，DF∥EC で，四角形

DFCE は平行四辺形だから，

DF＝EC   ……②

①，②より，

AD：DB＝AE：EC

`解き方` 三角形と比の定理の証明問題である。辺の比が三角形の相似を根拠にして導かれることをおぼえておこう。

❷(1) DA∥CE だから，

∠AEC＝∠BAD   （同位角）……①

∠ACE＝∠CAD   （錯角） ……②

仮定より，

∠BAD＝∠CAD   ……③

①，②，③より，∠AEC＝∠ACE

2つの角が等しいので，△ACE は二等辺三角形である。

(2) △BDA と △BCE で，

(1)より，   ∠BAD＝∠BEC   ……①

共通な角より，∠ABD＝∠EBC   ……②

①，②より，2組の角がそれぞれ等しいので

△BDA∽△BCE

よって，BD：DC＝BA：AE   ……①

(1)より，AE＝AC   ……②

①，②より，

BD：DC＝BA：AE＝AB：AC

`解き方` (1) 条件を図示すると右の図のようになる。

(2)(1)より，△ACE が二等辺三角形だから，AC＝AE となる。

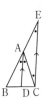

❸(1) $x=48$ (2) $x=\dfrac{32}{5}$

`解き方` (1) DE∥BC だから，

AE：AC＝AD：AB＝DE：BC

AE：AC＝DE：BC より，

24：(24＋x)＝18：54＝1：3 $x=48$

(2)

8：x＝10：8 より， $x=\dfrac{32}{5}$

❹(1) 線分 BD をひく。

△ABD で，仮定より，

AE：EB＝2：1，AH：HD＝2：1

であるから，

AE：EB＝AH：HD

が成り立つ。したがって，

EH∥BD   ……①

同様に，△CBD で，仮定より，

CF：FB＝2：1，CG：GD＝2：1

であるから，

CF：FB＝CG：GD

FG∥BD   ……②

①，②より，

EH∥FG   ……③

(2) 線分 AC を引くと，(1)と同様に

△BAC で，EF∥AC

△DAC で，HG∥AC

が成り立つ。

よって，   EF∥HG   ……④

(1)の③と④より，向かい合う2組の辺が平行だから，四角形 EFGH は平行四辺形である。

解き方 対角線 BD をひき，△ABD と △CBD，対角線 AC をひき，△BAC と △DAC を考える。
△ABD については下の図のようになる。

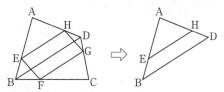

この図で，AE：EB＝AH：HD より，EH∥BD となることがわかる。
△CBD，△BAC，△DAC は次のようになる。

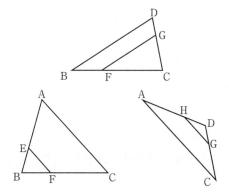

❺ △DAB で，点 E，G は DA，DB の中点だから，中点連結定理より，

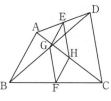

$$EG \parallel AB, \quad EG = \frac{1}{2}AB \qquad \cdots\cdots ①$$

また，△CAB において，点 H，F は CA，CB の中点だから，中点連結定理により，

$$HF \parallel AB, \quad HF = \frac{1}{2}AB \qquad \cdots\cdots ②$$

①，②より，

$$EG \parallel HF, \quad EG = HF$$

対応する 1 組の辺が平行で長さが等しいから，四角形 EGFH は平行四辺形である。

解き方 目標を EG∥HF，EG＝HF を証明することとする。すると，△DAB，△CAB について考えればよいことが見えてくる。

❻ (1) 6 cm　　　　(2) 9 cm

解き方 (1) △BCD で中点連結定理から EF∥DC
よって，DG∥EF で AD：AE＝DG：EF＝1：2
DG＝3 cm だから，
EF＝6 cm
(2) △BCD で，E，F は BD，BC の中点だから，中点連結定理より，

$$EF \parallel DC, \quad EF = \frac{1}{2}DC$$

EF＝6 cm だから，DC＝12 cm
したがって，

$$CG = DC - DG = 9 \text{ cm}$$

❼ (1) $x = 9.6$　　　　(2) $x = 7.8$

解き方 (1) $x : 12 = 8 : 10 = 4 : 5$
$$x = 9.6 \text{(cm)}$$
(2) $x : 5.2 = 6 : 4 = 3 : 2$
$$x = 7.8 \text{(cm)}$$

3節 相似な図形の面積の比と体積の比

4節 相似な図形の活用

p.39　**Step ❷**

❶ (1) 3：8　　　　　(2) $\dfrac{27}{2}$ cm²

解き方 相似な図形では，対応する辺の比が相似比である。

(1) AD＝3 cm，DB＝5 cm だから，AB＝8 cm である。
△ADE と △ABC の相似比は，
AD：AB＝3：8 より，3：8

(2) △ADE：△ABC＝3²：8²＝9：64
△ABC の面積は 96 cm² だから，△ADE の面積を S とすると，

$$S：96＝9：64$$
$$64S＝96×9$$
$$S＝\dfrac{27}{2}（\text{cm}^2）$$

❷ (1) 81 cm³　　　　(2) 117 cm²

解き方 (1) 2 つの直方体の相似比は 2：3 だから，直方体 Q の体積を V cm³ とすると，

$$24：V＝2^3：3^3＝8：27$$
$$8V＝24×27$$
$$V＝81（\text{cm}^3）$$

(2) 直方体 Q の表面積を S cm² とすると，

$$52：S＝2^2：3^2＝4：9$$
$$4S＝52×9$$
$$S＝117（\text{cm}^2）$$

❸ (1) 1：9　　　　(2) 27：26

解き方 (1) 円 O′ と円 O の相似比は 1：3 だから，面積の比は 1²：3²＝1：9

(2) 切り取った円錐ともとの円錐の相似比は 1：3 だから，体積の比は 1³：3³＝1：27
いま，切り取った円錐の体積を V とすると，もとの円錐の体積は 27V と表すことができる。
したがって，体積 V の円錐を切り取って残った立体の体積は，27V－V＝26V
よって，もとの円錐の体積と，円錐を切り取って残った立体の体積の比は，27：26

❹ およそ 13.1 m

解き方 ノートにかける程度の縮図，ここでは $\dfrac{1}{200}$ の縮図をかいて，長さをはかる。

BC の長さをはかると約 5.8 cm になるから，
$$5.8×200＝1160（\text{cm}）$$
したがって，約 11.6 m
これに目の高さを加えるから，
$$11.6＋1.5＝13.1（\text{m}）$$
縮図は $\dfrac{1}{200}$ でなく $\dfrac{1}{100}$ などでもよい。
「およそ 13.1 m」，または「約 13.1 m」とする。

❶ (1) △ABC∽△ADE

　　２組の角がそれぞれ等しい。

　(2) △ABC∽△AED

　　２組の角がそれぞれ等しい。

　(3) △ABE∽△DCE

　　２組の辺の比が等しく，その間の角が等しい。

❷ (1) $x=\dfrac{10}{3}$, $y=\dfrac{14}{3}$

　(2) $x=6$, $y=10$, $z=30$

❸ (1) △ABE と △FCE で，

　平行四辺形の対辺は平行で，錯角が等しいか

　ら，∠ABE＝∠FCE

　対頂角は等しいから，∠AEB＝∠FEC

　２組の角がそれぞれ等しいから，

　　　　　△ABE∽△FCE

　(2) 3 cm

❹ (1) △ADE $\dfrac{1}{36}S$　△AFG $\dfrac{1}{4}S$　(2) 8：27

❺ $18\pi\,\mathrm{cm}^3$

解き方

❶ (1)，(2)は角の大きさが与えられているので，２組
の角がそれぞれ等しいことを示せばよいことがわ
かる。

　(2) 対応する頂点に注意する。点Bと E，点Cと D
が対応しているので，対応する頂点を合わせて
△ABC∽△AED と表す。

　(3) ２組の辺の比が与えられているので，その間の
角に着目する。

❷ (1) △ADC で，EF∥DC だから，

　　　　AF：AC＝EF：DC

　　　　3：(3＋2)＝2：x

　　　　　　3x＝10　　$x=\dfrac{10}{3}$

　△BGE で，CD∥GE，BC＝CG だから，
中点連結定理により，

　　　　CD＝$\dfrac{1}{2}$GE　　GE＝2CD

　CD＝$\dfrac{10}{3}$ cm だから，

　　　2＋y＝2×$\dfrac{10}{3}$　　$y=\dfrac{14}{3}$

　(2) △ABC で，EG∥BC だから，

　　　AE：AB＝EG：BC

　　　5：15＝10：z　　5z＝150　　z＝30

　また，AG：AC＝1：3 である。

　△ACD で，AD∥GF だから，

　　　AD：GF＝AC：GC

　　　15：y＝3：2　　3y＝30　　y＝10

　また，AG：GC＝DF：FC だから，

　　　1：2＝x：12　　2x＝12　　x＝6

❸ (2) CD＝AB＝9 cm で，

　　　CF＝DF－CD＝3 cm

　したがって，△ABE と △FCE の相似比は，

　　　9：3＝3：1

　仮定から，AB＝BE だから，BE＝9 cm

　よって，BE：CE＝3：1

　より，　　　3CE＝9　　　CE＝3 cm

❹ (1) △ADE と △ABC の相似比は，

　　　AD：AB＝2：(2＋4＋6)＝1：6

　したがって，面積の比は，1^2：6^2＝1：36

　△ABC の面積は S だから，

　△ADE の面積は $\dfrac{1}{36}S$

　△AFG と △ABC の相似比は，

　　　AF：AB＝(2＋4)：(2＋4＋6)＝1：2

　したがって，面積の比は，1^2：2^2＝1：4

　△ABC の面積は S だから，

　△AFG の面積は $\dfrac{1}{4}S$

　(2) 台形 DFGE の面積は $\dfrac{1}{4}S-\dfrac{1}{36}S=\dfrac{2}{9}S$

　台形 FBCG の面積は $S-\dfrac{1}{4}S=\dfrac{3}{4}S$

　台形 DFGE と台形 FBCG の面積の比は，

　　　$\dfrac{2}{9}S$：$\dfrac{3}{4}S$＝8：27

❺ 円錐の容器と水が入っている部分の円錐は相似で，
その相似比は 12：6＝2：1
したがって，水面の半径は

　　　　$6\times\dfrac{1}{2}=3(\mathrm{cm})$

この容器に入っている水の体積は

　　　　$\dfrac{1}{3}\pi\times 3^2\times 6=18\pi(\mathrm{cm}^3)$

6章 円

1節 円周角の定理

2節 円周角の定理の活用

p.43-45　Step 2

❶ (1) $\angle x = 25°$　　(2) $\angle x = 35°$

(3) $\angle x = 20°$　　(4) $\angle x = 60°$

解き方　それぞれ次の図のように考える。

(1)
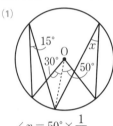

$$\angle x = 50° \times \frac{1}{2}$$
$$= 25°$$

(2)
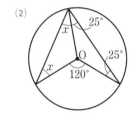

$$\angle x = 120° \div 2 - 25°$$
$$= 35°$$

(3)
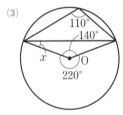

$$\angle x = (180° - 140°) \div 2$$
$$= 20°$$

(4)
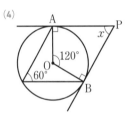

$$\angle x = 180° - 120°$$
$$= 60°$$

❷ 仮定から，∠BAD ＝ ∠CAD　　……①

等しい円周角に対する弧は等しいから，

$$\overset{\frown}{BD} = \overset{\frown}{CD}$$

$\overset{\frown}{BD}$ に対する円周角は等しいから，

∠BAD ＝ ∠BCD　　……②

また，$\overset{\frown}{DC}$ に対する円周角は等しいから，

∠CAD ＝ ∠CBD　　……③

①，②，③より，

∠BCD ＝ ∠CBD

よって，2つの角が等しいから，△BDC は二等辺三角形である。

解き方　1つの円で，等しい弧に対する弦の長さが等しいことを証明する問題である。

❸ 点 B と C を結ぶと，

AB ∥ CD だから，錯角が等しいので，

∠ABC ＝ ∠DCB　　……①

また，

$$\angle ABC = \frac{1}{2} \angle AOC \quad ……②$$

$$\angle DCB = \frac{1}{2} \angle BOD \quad ……③$$

①，②，③より，

∠AOC ＝ ∠BOD

したがって，

$$\overset{\frown}{AC} = \overset{\frown}{BD}$$

解き方　等しい中心角に対する弧は等しいことを用いる。

❹ (1) ○　　　(2) ×　　　(3) ○

解き方　円周角の定理の逆を用いて，4点が1つの円周上にあるかどうかを調べる。

(1) ∠BAC ＝ ∠BDC ＝ 60° で，点 A，D は直線 BC について同じ側にあり，4点は1つの円周上にある。

(2) $\overset{\frown}{AD}$ に対する円周角が ∠ABD ≠ ∠ACD となり，4点 A，B，C，D は1つの円周上にない。

(3) ∠BDC ＝ 50° となるので，4点 A，B，C，D は1つの円周上にある。

❺ 長方形の1つの内角は 90° だから，

∠BAD ＝ ∠BC′D ＝ 90°

2点 A，C′ が直線 BD について同じ側にあり，

∠BAD ＝ ∠BC′D であるから，4点 A，B，D，C′ は1つの円周上にある。

解き方　円周角が 90° であることと，円周角の定理の逆を用いる。

❻ 点 C，D は，直線 AB について同じ側にあり，
∠ADB＝∠ACB だから，4 点 A，B，C，D は
1 つの円周上にある。
$\overset{\frown}{BC}$ に対する円周角は等しいから，
∠BAC＝∠BDC
$\overset{\frown}{AD}$ に対する円周角は等しいから，
∠ABD＝∠ACD

解き方 右の図のように，
4 点 A，B，C，D は
1 つの円周上にある。

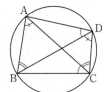

❼ △ACE と △DBE で，
$\overset{\frown}{BC}$ に対する円周角は等しいから，
∠CAE＝∠BDE   ……①
対頂角は等しいから，
∠AEC＝∠DEB   ……②
①，②より，2 組の角がそれぞれ等しいから，
△ACE∽△DBE

解き方 対頂角の代わりに，$\overset{\frown}{AD}$ に対する円周角が等
しいことを示してもよい。

❽ AL と MN の交点を P
とする。
∠NPL
＝∠NAL＋∠ANM
＝∠NAB＋∠BAL
　　　＋∠ANM
$\overset{\frown}{NB}$，$\overset{\frown}{BL}$，$\overset{\frown}{AM}$ の長さ

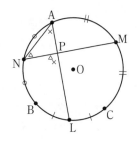

は，それぞれ $\overset{\frown}{AB}$，$\overset{\frown}{BC}$，$\overset{\frown}{CA}$ の長さの $\dfrac{1}{2}$ だか

ら，その長さの和は円 O の周の長さの $\dfrac{1}{2}$ であ
る。
したがって，∠NAB＋∠BAL＋∠ANM＝90°
よって，弦 AL と MN は垂直に交わっている。

解き方 AL⊥MN を証明するには，たとえば ∠NPL
が 90° であることを示せばよい。そこで，△ANP の
1 つの外角とそれととなり合わない 2 つの内角の和が
等しいことに目をつけ，円周角 ∠NAL と ∠ANM の
和が半円の弧に対する円周角に等しいことを導く。

❾ 点 B，D を結ぶ。
△ABD と △AHC で，
∠ABD は半円の弧に
対する円周角だから，
∠ABD＝90°
仮定より ∠AHC＝90°
よって，∠ABD＝∠AHC   ……①
$\overset{\frown}{AB}$ に対する円周角だから
∠ADB＝∠ACH   ……②
①，②より，2 組の角がそれぞれ等しいから，
△ABD∽△AHC
よって，∠BAD＝∠CAH

解き方 点 B，D を結び，△ABD∽△AHC を示し，
∠BAD＝∠CAH を導く。

❿ ∠x＝60°，∠y＝30°
解き方 円外の 1 つの点 P から円 O にひいた接線の
長さは等しいから，PA＝PB
∠P＝60° だから，△PAB は正三角形で，
∠x＝60°
また，∠PAC＝90° だから，
∠y＝180°－(60°＋90°)
　　 ＝30°

❶ (1) ∠x＝100°　(2) ∠x＝50°
　(3) ∠x＝110°　(4) ∠x＝65°

❷ △DAC と △DEB で,
　仮定より $\overset{\frown}{AC}=\overset{\frown}{CB}$ だから,
　　　　∠ADC＝∠EDB　　……①
　$\overset{\frown}{AD}$ に対する円周角
　　　　∠ACD＝∠EBD　　……②
　①, ②より, 2組の角がそれぞれ等しいから,
　　　　△DAC∽△DEB

❸ △ABC と △AED で,
　仮定より AC＝AD　　　　……①
　また, $\overset{\frown}{BC}=\overset{\frown}{CD}$ だから,
　　　　∠BAC＝∠EAD　　……②
　$\overset{\frown}{AB}$ に対する円周角は等しいから
　　　　∠BCA＝∠EDA　　……③
　①, ②, ③より, 1組の辺とその両端の角がそ
　れぞれ等しいから,
　　　　△ABC≡△AED

❹ 10 cm

❺ (1) ∠x＝20°　∠y＝50°　(2) 6：5

解き方

❶ (1)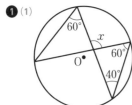
　(2)

　∠x＝60°＋40°　　∠x＝100°÷2
　　＝100°　　　　　　＝50°

　(3)
　(4)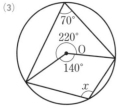

　∠x＝220°÷2　　∠x＝90°－25°
　　＝110°　　　　　　＝65°

❷ 等しい弧に対する円周角は等しいから,
　$\overset{\frown}{AC}=\overset{\frown}{CB}$ ならば ∠ADC＝∠EDB

---

1 つの弧に対する円周角は等しいから, $\overset{\frown}{AD}$ に対す
る円周角の ∠ACD と ∠EBD は等しい。

❸ 等しい弧に対する円周角は等しいことと, 1 つの
弧に対する円周角は等しいことを根拠にして, 1 組
の辺とその両端の角がそれぞれ等しいことを示し
ている。

❹ △ABE と △DCE で,
　　　∠BAE＝∠CDE（$\overset{\frown}{BC}$ に対する円周角）
　　　∠ABE＝∠DCE（$\overset{\frown}{AD}$ に対する円周角）
　2 組の角がそれぞれ等しいから,
　　　　△ABE∽△DCE
　したがって,
　　　　AE：DE＝BE：EC
　AE＝EC＝a cm とすると,
　　　　a：8＝2：a
　　　　a^2＝16
　$a>0$ だから　a＝4
　よって,
　　　　AB：CD＝AE：DE
　　　　5：CD＝4：8
　　　　4CD＝40
　　　　CD＝10

❺ (1) △BDF で,
　　　∠BFD＋∠DBF＝30°＋∠x＝∠y　……①
　円周角の定理より, ∠DBC＝∠DAC＝∠x
　したがって, △ADE で,
　　　∠EAD＋∠EDA＝∠x＋∠y＝70°　……②
　①を②に代入すると
　　　∠x＋（30°＋∠x）＝70°
　　　2∠x＝40°
　　　∠x＝20°
　これを①に代入すると
　　　30°＋20°＝∠y　　∠y＝50°
　(2) △ACD で, (1)より,
　　　∠ACD＝∠CDF－∠DAC
　　　　＝80°－20°＝60°
　また, ∠BDC＝180°－80°－50°＝50°
　1 つの円で, 弧の長さは, その弧に対する円周角の
　大きさに比例するから,
　$\overset{\frown}{AD}$：$\overset{\frown}{BC}$＝∠ACD：∠BDC＝60°：50°＝6：5

7章 三平方の定理

1節 三平方の定理

p.49 **Step 2**

❶ (1) $x=10$　　　　　　(2) $x=2\sqrt{7}$
　(3) $x=2\sqrt{29}$　　　　(4) $x=\sqrt{21}$，$y=\sqrt{70}$

解き方 (1) $6^2+8^2=x^2$　$x^2=100$

$x>0$ だから，$x=10$

(2) $6^2+x^2=8^2$　　$x^2=28$

$x>0$ だから，$x=\sqrt{28}=2\sqrt{7}$

(3) $4^2+10^2=x^2$　　$x^2=116$

$x>0$ だから，$x=\sqrt{116}=2\sqrt{29}$

(4) $x^2+2^2=5^2$　　$x^2=21$

$x>0$ だから，$x=\sqrt{21}$

　$(\sqrt{21})^2+(2+5)^2=y^2$　　$y^2=70$

$y>0$ だから，$y=\sqrt{70}$

❷ (イ)，(ウ)

解き方 三角形の3辺の中で最も長い辺の長さを c，
残りの2辺の長さを a，b として，
$a^2+b^2=c^2$ が成り立つかどうかを調べる。

(ア) $a=4$，$b=5$，$c=8$ とすると，
　　$a^2+b^2=41$　　$c^2=64$

したがって，$a^2+b^2=c^2$ が成り立たない。

(イ) $a=\sqrt{2}$，$b=\sqrt{3}$，$c=\sqrt{5}$ とすると，
　　$a^2+b^2=5$　　$c^2=5$

したがって，$a^2+b^2=c^2$ が成り立つ。

(ウ) $a=8$，$b=15$，$c=17$ とすると，
　　$a^2+b^2=289$　　$c^2=289$

したがって，$a^2+b^2=c^2$ が成り立つ。

(エ) $4\sqrt{2}=\sqrt{32}$，$2\sqrt{5}=\sqrt{20}$ より3辺の中で最も長い辺は $4\sqrt{2}$ cm の辺であるから，$a=\sqrt{21}$，$b=2\sqrt{5}$，$c=4\sqrt{2}$ とすると，
　　$a^2+b^2=41$　　$c^2=32$

したがって，$a^2+b^2=c^2$ が成り立たない。

❸ AB$=\sqrt{17}$ cm，BC$=5\sqrt{2}$ cm，CA$=\sqrt{61}$ cm，
　直角三角形ではない。
　理由：AB^2+BC^2=CA^2 が成り立たないから。

解き方 AB$^2=4^2+1^2=17$　　AB>0 だから，

AB$=\sqrt{17}$ cm

BC$^2=1^2+7^2=50$　BC>0 だから，BC$=5\sqrt{2}$ cm

CA$^2=5^2+6^2=61$　CA>0 だから，CA$=\sqrt{61}$ cm

CA が最も長い辺である。

2節 三平方の定理の活用

p.51 **Step 2**

❶ (1) $4\sqrt{2}$ cm　　　　(2) $2\sqrt{13}$ cm
　(3) $3\sqrt{3}$ cm　　　　(4) $2\sqrt{14}$ cm
　(5) 8 cm　　　　　　(6) $\sqrt{41}$

解き方 求める長さを x cm とおく。

(1)

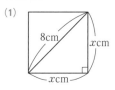

$x^2+x^2=8^2$

$x^2=32$

$x>0$ だから，

$x=4\sqrt{2}$

(2)

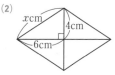

$4^2+6^2=x^2$

$x^2=52$

$x>0$ だから，

$x=\sqrt{52}=2\sqrt{13}$

(3)

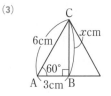

△ABC は，60° の
角をふくむ直角三
角形だから，辺の
比は $1:\sqrt{3}:2$
$6:x=2:\sqrt{3}$ より，
$x=3\sqrt{3}$

(4)

$x^2+5^2=9^2$

$x^2=56$

$x>0$ だから，

$x=\sqrt{56}=2\sqrt{14}$

(5)

$x^2+6^2=10^2$

$x^2=64$

$x>0$ だから，

$x=8$

(6)

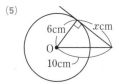

AB$^2=5^2+4^2=41$

AB>0 だから，

AB$=\sqrt{41}$

❷ (1) 12π cm³　(2) $18\sqrt{7}\,\pi$ cm³　(3) $\dfrac{256\sqrt{7}}{3}$ cm³

【解き方】(1)下の図のように考えて、
高さを h cm とすると、
$h^2+3^2=5^2$
$\qquad h^2=16$
$h>0$ だから、$h=4$
したがって、この円錐の体積は、
$$\frac{1}{3}\times\pi\times3^2\times4=12\pi\,(\text{cm}^3)$$

(2)まず、円錐の高さを求めるために、底面の円の半径を求める。
底面の円の半径を r cm とすると、底面の円の面積が 18π cm² だから、
$$\pi r^2=18\pi$$
$$r^2=18$$
$r>0$ だから、$r=\sqrt{18}=3\sqrt{2}\,(\text{cm})$
円錐の高さを h cm とすると、
$$h^2+(3\sqrt{2})^2=9^2$$
$$h^2=63$$
$h>0$ だから、$h=\sqrt{63}=3\sqrt{7}\,(\text{cm})$
したがって、円錐の体積は、
$$\frac{1}{3}\times18\pi\times3\sqrt{7}=18\sqrt{7}\,\pi\,(\text{cm}^3)$$

(3)下の図の底面の正方形 ABCD の対角線の交点 H について、線分 OH は正四角錐の高さになる。

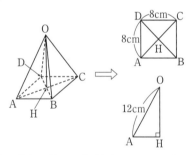

△ABC は直角二等辺三角形だから、辺の比は
$1:1:\sqrt{2}$
したがって、
$\quad$ AB : AC = 8 : AC = 1 : $\sqrt{2}$
$\qquad\qquad$ AC = $8\sqrt{2}$ cm
点 H は AC の中点だから、
$\qquad\qquad$ AH = $4\sqrt{2}$ cm
△OAH で、

$$\text{OH}^2+(4\sqrt{2})^2=12^2$$
$$\text{OH}^2=112$$
OH>0 だから、OH = $4\sqrt{7}$
したがって、正四角錐の体積は、
$$\frac{1}{3}\times8^2\times4\sqrt{7}=\frac{256\sqrt{7}}{3}\,(\text{cm}^3)$$

❸ (1) 7 cm　　　　　(2) $2\sqrt{34}$ cm

【解き方】(1)対角線 AG について
考えると、
∠AEG=90°だから、
$\quad$ AG² = AE² + EG²
また、直角三角形 EFG で、
$\quad$ EG² = 2² + 3² = 13
よって AG² = 6² + 13 = 49
AG>0 だから、AG = 7 cm

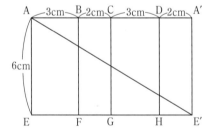

なお、3辺の長さが a, b, c の直方体の対角線の長さは $\sqrt{a^2+b^2+c^2}$ で求めることができる。

(2)側面の展開図をかいて調べる。糸の長さが最も短くなるのは、下の図のように長方形 AEE′A′ の対角線になる場合である。したがって、
$\quad$ $6^2+10^2=$ AE′²
AE′>0 だから、AE′ = $2\sqrt{34}$ cm

p.52-53 **Step 3**

❶ (1) $x=2\sqrt{34}$　(2) $x=\sqrt{130}$
　(3) $x=9$　(4) $x=2\sqrt{5}$　$y=\sqrt{69}$

❷ (1) $x=\sqrt{37}$　面積 $3\sqrt{3}$ cm²
　(2) $x=2\sqrt{2}+2\sqrt{6}$　面積 $(4+4\sqrt{3})$ cm²

❸ (1) $\sqrt{7}$ cm　(2) $\dfrac{7}{3}$ cm

❹ (1) 10 cm　(2) $\dfrac{15}{4}$ cm

❺ (1) $2\sqrt{2}$ cm　(2) $\sqrt{34}$ cm　(3) $\sqrt{30}$ cm

解き方

❶ (1) $6^2+10^2=x^2$　　$x^2=136$
　$x>0$ だから，$x=\sqrt{136}=2\sqrt{34}$
　(2) $7^2+9^2=x^2$　　$x^2=130$
　$x>0$ だから，$x=\sqrt{130}$
　(3) $x^2+13^2=(5\sqrt{10})^2$　　$x^2=81$
　$x>0$ だから，$x=9$
　(4) $x^2+4^2=6^2$　　$x^2=20$
　$x>0$ だから，$x=\sqrt{20}=2\sqrt{5}$
　$(2\sqrt{5})^2+(4+3)^2=y^2$　　$y^2=69$
　$y>0$ だから，$y=\sqrt{69}$

❷ (1) A から BC の延長にひ
いた垂線を AH とすると，
△AHC は ∠ACH=60°
の直角三角形である。

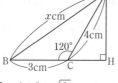

したがって，CH：CA：AH $=1:2:\sqrt{3}$
AC=4 cm だから，CH=2 cm，AH $=2\sqrt{3}$ cm
これより，
　$x^2=AH^2+BH^2=(2\sqrt{3})^2+(3+2)^2=37$
$x>0$ だから，$x=\sqrt{37}$
面積は，$\dfrac{1}{2}\times BC\times AH=3\sqrt{3}$ (cm²)

(2) △ACH は ∠C=45° の直角二等辺三角形だから
AH：AC $=1:\sqrt{2}$　　　　AH $=2\sqrt{2}$ cm
△ABH は ∠B=30° の直角三角形であるから
BH $=\sqrt{3}$ AH $=2\sqrt{6}$ cm
したがって，
　$x=$ BH+HC $=2\sqrt{2}+2\sqrt{6}$ (cm)
面積は，$\dfrac{1}{2}\times BC\times AH=4+4\sqrt{3}$ (cm²)

❸ (1) ∠ACB は，半円の弧に対する円周角だから，
　∠ACB=90°
　　$3^2+BC^2=4^2$
　　　$BC^2=7$
BC>0 だから，BC $=\sqrt{7}$ (cm)
(2) ∠ACB=∠ABD=90°
∠A は共通
より，△ACB∽△ABD
したがって，
　　AC：AB = AB：AD
　　　3：4 = 4：AD
　　　　AD $=\dfrac{16}{3}$ (cm)

よって CD=AD-AC $=\dfrac{7}{3}$ (cm)

❹ (1) 右の図のように，展開図で，
長方形 ADGF の対角線 AG 上
に点 P をとる。最小の値は，
　$AG^2=6^2+(5+3)^2=100$
AG>0 だから，AG=10 (cm)

(2) AG と BC の交点が P だから，△ABP∽△AFG
　　AB：BP = AF：FG
　　5：BP = 8：6
　　　BP $=\dfrac{15}{4}$ (cm)

❺ (1) 底面の正方形の対角線の長さは，
　　$10-(3+3)=4$ cm
よって，底面の 1 辺の長さは $2\sqrt{2}$ cm
(2) 四角錐のほかの辺の長さは，
　　$\sqrt{3^2+5^2}=\sqrt{34}$ (cm)
(3) 高さは図の OH だから

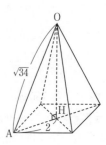

　$OH^2=OA^2-AH^2$
　　　$=(\sqrt{34})^2-2^2$
　　　$=30$
OH>0 だから，
　　OH $=\sqrt{30}$ (cm)

8章 標本調査

1節 標本調査

2節 標本調査の活用

p.55 **Step ②**

❶ 全数調査…(ア), (ウ), 標本調査…(イ), (エ), (オ), (カ)

解き方 (ア) 国民の全家庭の性別，年齢，家族構成，職業などを調べる調査。

(イ) 収穫されていない段階で豊作，不作の傾向を調べる調査。

(ウ) 家庭生活は個人によって異なるので，全員を調べなければ意味がない。

(エ) ある意見についての傾向を調べる調査。

(オ) どのテレビ番組が好まれるか，その傾向を調べる調査。

(カ) すべての電球を調べたら売るものがなくなる。

❷ (1) 母集団…ある市の中学 3 年生全体

　　母集団の大きさ…16436

　(2) 標本…無作為に抽出された生徒

　　標本の大きさ…1200

解き方 調査の対象となっているもとの集団を母集団，調査するために母集団から取り出した一部分を標本という。

❸ およそ 27 人

解き方 40 人の中で 25 m 以上投げることができる生徒の人数は 8 人で，その割合は，$\dfrac{8}{40} = 0.2$

したがって，135 人の中でのおよその人数は

$135 \times 0.2 = 27$（人）

❹ およそ 150 匹

解き方 山にいるサルの数をおよそ x 匹とすると，

$x : 50 = 40 : 13$

これを解くと，$x = 50 \times 40 \div 13$

$= 153.84\cdots$

$≒ 150$（匹）

p.56 **Step ③**

❶ およそ 100 匹

❷ およそ 75 個

❸ (1) およそ 91 個　　(2) およそ 10000 個

解き方

❶ メスは 50 匹中 17 匹いるから，その割合は

$$\dfrac{17}{50} = 0.34$$

したがって，全体に占めるメスの割合も同じであるとみなせるから，メスの金魚は

$$300 \times 0.34 = 102 \quad \rightarrow 100$$

よって，およそ 100 匹と推定できる。

❷ 30 個の標本の中で黒の碁石は 12 個あったので，

その割合は　　$\dfrac{12}{30} = 0.4$

袋に入っていた白の碁石は x 個あったとすると，これに黒の碁石を 50 個を加えた $x + 50$ が母集団の大きさである。

母集団にしめる黒石の割合も 0.4 とみなせるから

$$(x + 50) \times 0.4 = 50 \qquad x = 75$$

したがって，白の碁石はおよそ 75 個と推定できる。

❸ (1) 無作為に抽出した製品の個数は 500 個で，その中にふくまれる不良品の割合は，$\dfrac{14}{500}$

したがって，3250 個の製品のうち，不良品のおよその個数は，$3250 \times \dfrac{14}{500} = 91$（個）

(2) 作った製品のうち，不良品でない割合は，

$$\dfrac{500 - 14}{500} = \dfrac{486}{500}$$

作る製品の個数をおよそ x 個とすると，

$$x \times \dfrac{486}{500} = 9720$$

$$x = 9720 \times \dfrac{500}{486} = 10000 \text{（個）}$$

テスト前 ☑ やることチェック表

① まずはテストの目標をたてよう。頑張ったら達成できそうなちょっと上のレベルを目指そう。
② 次にやることを書こう（「ズバリ英語〇ページ，数学〇ページ」など）。
③ やり終えたら□に✔を入れよう。
　最初に完ぺきな計画をたてる必要はなく，まずは数日分の計画をつくって，
　その後追加・修正していっても良いね。

目標

	日付	やること1	やること2
2週間前	／	☐	☐
	／	☐	☐
	／	☐	☐
	／	☐	☐
	／	☐	☐
	／	☐	☐
	／	☐	☐
1週間前	／	☐	☐
	／	☐	☐
	／	☐	☐
	／	☐	☐
	／	☐	☐
	／	☐	☐
テスト期間	／	☐	☐
	／	☐	☐
	／	☐	☐
	／	☐	☐
	／	☐	☐

テスト前 ✓ やることチェック表

① まずはテストの目標をたてよう。頑張ったら達成できそうなちょっと上のレベルを目指そう。
② 次にやることを書こう（「ズバリ英語〇ページ，数学〇ページ」など）。
③ やり終えたら□に✔を入れよう。
　最初に完ぺきな計画をたてる必要はなく，まずは数日分の計画をつくって，
　その後追加・修正していっても良いね。

目標

	日付	やること1	やること2
2週間前	／	☐	☐
	／	☐	☐
	／	☐	☐
	／	☐	☐
	／	☐	☐
	／	☐	☐
	／	☐	☐
1週間前	／	☐	☐
	／	☐	☐
	／	☐	☐
	／	☐	☐
	／	☐	☐
	／	☐	☐
	／	☐	☐
テスト期間	／	☐	☐
	／	☐	☐
	／	☐	☐
	／	☐	☐
	／	☐	☐

キリトリ線

数学3年 教育出版版

ズバリよくでる → 直前

チェック BOOK

■ テストに**ズバリよくでる！**
■ **用語・公式や例題**を掲載！

数学

教育出版版

3年

赤
シートで
何度でも！

教 p.16〜26

1 単項式と多項式の乗法，除法

□多項式×単項式，単項式×多項式の計算では，分配法則

$$(a+b)c=\boxed{ac+bc}, \quad c(a+b)=\boxed{ca+cb}$$

を用いて，多項式×数の場合と同じように計算することができる。

□多項式÷単項式の計算では，多項式÷数の場合と同じように計算することができる。

$$(A+B)÷C=\boxed{\dfrac{A}{C}+\dfrac{B}{C}}$$

2 多項式の乗法

□$(a+b)(c+d)=\boxed{ac+ad+bc+bd}$

|例| $(x+3)(y-2)=\boxed{xy}-2x+3y-\boxed{6}$

3 重要 乗法の公式

□$(x+a)(x+b)=\boxed{x^2+(a+b)x+ab}$

|例| $(x+1)(x-2)=x^2+(1-2)x+\boxed{1×(-2)}$

$\qquad\qquad\qquad =\boxed{x^2-x-2}$

□$(x+a)^2=\boxed{x^2+2ax+a^2}$

|例| $(x+3)^2=x^2+2×\boxed{3}×x+\boxed{3}^2$

$\qquad\qquad =\boxed{x^2+6x+9}$

□$(x-a)^2=\boxed{x^2-2ax+a^2}$

□$(x+a)(x-a)=\boxed{x^2-a^2}$

|例| $(x+4)(x-4)=x^2-\boxed{4}^2$

$\qquad\qquad\quad =\boxed{x^2-16}$

1 重要 因数分解の公式

$\square mx+my=\boxed{m(x+y)}$

|例| $ab+ac=a\times\boxed{b}+a\times\boxed{c}$

$\qquad =\boxed{a(b+c)}$

$\square x^2+(a+b)x+ab=\boxed{(x+a)(x+b)}$

|例| $x^2+5x+6=\boxed{(x+2)(x+3)}$

$\square x^2+2ax+a^2=\boxed{(x+a)^2}$

|例| $x^2+8x+16=x^2+2\times x\times\boxed{4}\times\boxed{4}^2$

$\qquad =\boxed{(x+4)^2}$

$\square x^2-2ax+a^2=\boxed{(x-a)^2}$

$\square x^2-a^2=\boxed{(x+a)(x-a)}$

|例| $x^2-9=x^2-\boxed{3}^2$

$\qquad =\boxed{(x+3)(x-3)}$

2 いろいろな因数分解

$\square 2ax^2-4ax+2a$ を因数分解するときは，共通因数 $\boxed{2a}$ をくくり
出し，さらに因数分解する。

$\quad 2ax^2-4ax+2a=\boxed{2a}(x^2-2x+1)$

$\qquad\qquad\qquad =\boxed{2a(x-1)^2}$

$\square (x+y)a-(x+y)b$ を因数分解するときは，式の中の共通な部分
$\boxed{x+y}$ を M とおきかえて考える。

$\quad (x+y)a-(x+y)b=\boxed{Ma}-\boxed{Mb}$

$\qquad\qquad\qquad =M(a-b)$

$\qquad\qquad\qquad =\boxed{(x+y)(a-b)}$

1 平方根

□ 2乗すると a になる数を，a の 平方根 という。

□正の数 a の平方根（へいほうこん）は，正の数と 負の数 の2つあって，それらの
絶対値 は等しくなる。

2 重要 平方根の大小

□正の数 a，b について，

$a < b$ ならば，$\sqrt{a}$ $<$ $\sqrt{b}$

|例| $\sqrt{2}$ と $\sqrt{3}$ の大小は，2 $<$ 3 だから，$\sqrt{2}$ $<$ $\sqrt{3}$

3 有理数と無理数

□分数の形に表すことができる数を 有理数 ，そうでない数を
無理数 という。

□
$$\text{数}\begin{cases}\text{有理数} \cdots\cdots\cdots\cdots \begin{cases}\text{有限小数} \\ \boxed{\text{循環}}\text{ 小数}\end{cases} \\ \text{無理数} \cdots\cdots \text{循環しない（じゅんかん）} \boxed{\text{無限}}\text{ 小数}\end{cases}\Bigg\}\text{無限小数}$$

4 重要 平方根の乗法，除法

□正の数 a，b について，

$$\sqrt{a} \times \sqrt{b} = \boxed{\sqrt{ab}}, \quad \frac{\sqrt{a}}{\sqrt{b}} = \boxed{\sqrt{\frac{a}{b}}}, \quad \sqrt{a^2 b} = \boxed{a\sqrt{b}}$$

□分母に $\sqrt{}$ があるときは，分母を 有理化 する。

|例| $\dfrac{\sqrt{2}}{\sqrt{3}} = \dfrac{\sqrt{2} \times \boxed{\sqrt{3}}}{\sqrt{3} \times \boxed{\sqrt{3}}} = \boxed{\dfrac{\sqrt{6}}{3}}$

1 平方根の加法，減法

□根号の中が同じ数どうしの和や差は，多項式の同類項をまとめるときと同じようにして，分配法則を使って求める。

例 $2\sqrt{3}+3\sqrt{3}=(\boxed{2}+\boxed{3})\sqrt{3}=5\sqrt{3}$

例 $\sqrt{20}-\dfrac{15}{\sqrt{5}}=2\sqrt{5}-\dfrac{15\times\boxed{\sqrt{5}}}{\sqrt{5}\times\boxed{\sqrt{5}}}=2\sqrt{5}-\dfrac{15\sqrt{5}}{5}$

$\qquad\qquad =2\sqrt{5}-\boxed{3\sqrt{5}}=\boxed{-\sqrt{5}}$

2 平方根のいろいろな計算

□$\sqrt{}$ をふくむ式の積は，分配法則や乗法の公式を使って計算する

例 $\sqrt{3}(\sqrt{3}+1)=\sqrt{3}\times\boxed{\sqrt{3}}+\sqrt{3}\times\boxed{1}$

$\qquad\qquad =\boxed{3+\sqrt{3}}$

例 $(\sqrt{6}+\sqrt{2})(\sqrt{6}-\sqrt{2})=(\boxed{\sqrt{6}}^2)-(\boxed{\sqrt{2}}^2)$

$\qquad\qquad\qquad\qquad =\boxed{6}-\boxed{2}=\boxed{4}$

例 $(1+\sqrt{3})^2=1^2+2\times1\times\boxed{\sqrt{3}}+\boxed{(\sqrt{3})^2}$

$\qquad\qquad =1+\boxed{2\sqrt{3}}+\boxed{3}$

$\qquad\qquad =\boxed{4+2\sqrt{3}}$

3 近似値と有効数字

□真の値に近い値のことを 近似値 という。

□誤差＝ 近似値 − 真の値

□近似値を表す数で，信頼できる数字を 有効数字 という。

例 ある木材の重さを有効数字3桁で表した近似値は 415 g で，これを整数部分が1桁の小数と，10 の何乗かの積の形に表すと，

$\boxed{4.15}\times\boxed{10^2}$ (g)

1 2次方程式

□移項して整理すると，$(x \text{の} 2 \text{次式})=0$ という形になる方程式を，x についての 2次方程式 という。

2 因数分解による解き方

□ 2次方程式 $ax^2+bx+c=0$ は，その左辺 ax^2+bx+c を因数分解することができれば，

「$AB=0$ ならば，$A=\boxed{0}$ または $B=\boxed{0}$」

を使って，解くことができる。

|例| $x^2+5x+6=0$

$(x+2)(x+\boxed{3})=0$

$x+2=0$ または $\boxed{x+3}=0$

よって，$x=\boxed{-2}$，$\boxed{-3}$

3 重要 平方根の考えによる解き方

□$ax^2=b$ の形は，$\boxed{x^2=k}$ の形に変形して解くことができる。

|例| $2x^2=10$

$x^2=\boxed{5}$

$x=\boxed{\pm\sqrt{5}}$

□$(x+m)^2=n$ の $x+m$ を X とみて，$\boxed{X^2=n}$ として解くことができる。

1 重要 2次方程式の解の公式

□ 2次方程式 $ax^2+bx+c=0$ の解は,

$$x=\frac{-b\pm\sqrt{b^2-4ac}}{2a}$$

|例| $3x^2-3x-1=0$

解の公式で, $a=3$, $b=\boxed{-3}$, $c=-1$ の場合だから,

$$x=\frac{-\boxed{(-3)}\pm\sqrt{\boxed{(-3)}^2-4\times3\times(-1)}}{2\times\boxed{3}}$$

$$=\frac{3\pm\sqrt{21}}{6}$$

2 いろいろな2次方程式

□係数に共通な因数をふくむ2次方程式は両辺をその因数でわって,

x^2 の係数を $\boxed{1}$ にしてから解く。

□複雑な形の2次方程式は,展開や移項をして,($\boxed{\text{2次式}}$)$=0$

の形に整理して解く。

|例| $2x^2+6x+4=0$

両辺を2でわって,

$x^2+\boxed{3}x+\boxed{2}=0$

因数分解すると,

$(x+2)(x+\boxed{1})=0$

$x+2=0$ または $x+\boxed{1}=0$

$x=-2,\ \boxed{-1}$

|例| $(x-3)(x+4)=2x-6$

$\boxed{x^2+x-12}=2x-6$

$x^2-x-6=0$

因数分解すると,

$(x-\boxed{3})(x+2)=0$

$x-\boxed{3}=0$ または $x+2=0$

$x=\boxed{3},\ -2$

1 関数 $y=ax^2$

□x と y の関係が，$y=ax^2$（a は 0 ではない定数）で表されるとき，y は x の 2乗に比例する といい，a を 比例定数 という。

2 重要 関数 $y=ax^2$ のグラフ

□❶ 関数 $y=ax^2$ のグラフは 放物線 で，その軸は y軸 ，頂点は 原点 である。

□❷ 関数 $y=ax^2$ のグラフは，比例定数 a の符号によって，次のようになる。

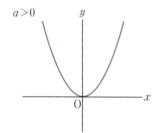

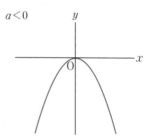

x 軸の 上 側にあり，

上 に開いている。

x 軸の 下 側にあり，

下 に開いている。

□❸ 関数 $y=ax^2$ のグラフは，比例定数 a の絶対値が大きいほど，開き方が 小さく なる。

|例| 右の図は，2 つの関数

$y=x^2$ と $y=2x^2$

のグラフをかいたものである。

$y=x^2$ のグラフは イ である。

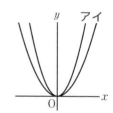

1 関数 $y=ax^2$ の y の値の変化($a>0$ のとき)

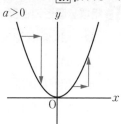

$a>0$

□ x の値が増加するにつれて,

$\begin{cases} x<0 \text{ の範囲では,} \ y \text{ の値は} \boxed{減少} \\ x>0 \text{ の範囲では,} \ y \text{ の値は} \boxed{増加} \end{cases}$

□ $x=0$ のとき, y の値は $\boxed{最小}$ の値 0

□ x がどんな値をとっても, $y \boxed{\geqq} 0$

2 関数 $y=ax^2$ の y の値の変化($a<0$ のとき)

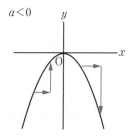

$a<0$

□ x の値が増加するにつれて,

$\begin{cases} x<0 \text{ の範囲では,} \ y \text{ の値は} \boxed{増加} \\ x>0 \text{ の範囲では,} \ y \text{ の値は} \boxed{減少} \end{cases}$

□ $x=0$ のとき, y の値は $\boxed{最大}$ の値 0

□ x がどんな値をとっても, $y \boxed{\leqq} 0$

3 重要 関数 $y=ax^2$ の変化の割合

□ 変化の割合 $= \dfrac{y \text{ の増加量}}{x \text{ の増加量}}$ は, $\boxed{一定ではない}$ 。

|例| $y=x^2$ について,

x の値が 1 から 2 まで増加するときの変化の割合は,

$$\frac{y \text{ の増加量}}{x \text{ の増加量}} = \frac{\boxed{4}-\boxed{1}}{\boxed{2}-\boxed{1}} = \boxed{3}$$

x の値が 3 から 4 まで増加するときの変化の割合は,

$$\frac{y \text{ の増加量}}{x \text{ の増加量}} = \frac{\boxed{16}-\boxed{9}}{\boxed{4}-\boxed{3}} = \boxed{7}$$

1 相似な図形の性質

□**❶** 相似な図形では，対応する 線分の長さの比 は，すべて等しい。

□**❷** 相似な図形では，対応する 角の大きさ は，それぞれ等しい。

□**❸** 相似な図形で，対応する線分の長さの比を 相似比 という。

2 重要 三角形の相似条件

□ 2つの三角形は，次のそれぞれの場合に相似である。

❶ 3組の辺の比 がすべて等しいとき

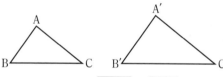

AB：A′B′＝BC： B′C′ ＝ CA ：C′A′

❷ 2組の辺の比 が等しく， その間の角 が等しいとき

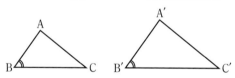

AB：A′B′＝BC： B′C′ ，∠B＝∠ B′

❸ 2組の角 がそれぞれ等しいとき

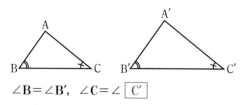

∠B＝∠B′，∠C＝∠ C′

教 p.150～160

1 重要 三角形と比の定理

□△ABC の，辺 AB，AC 上の点をそれぞれ D，E とするとき，

❶ DE∥BC ならば，

$$AD：AB＝AE：\boxed{AC}＝\boxed{DE}：BC$$

❷ DE∥BC ならば，

$$AD：DB＝AE：\boxed{EC}$$

2 三角形と比の定理の逆

□△ABC の辺 AB，AC 上の点をそれぞれ D，E とするとき，

❶ AD：AB＝AE：AC ならば，$\boxed{DE∥BC}$

❷ AD：DB＝AE：$\boxed{EC}$ ならば，DE∥BC

3 中点連結定理

□△ABC の辺 AB，AC の中点を，それぞれ，D，E とすると，

$$DE∥\boxed{BC}，\quad DE＝\boxed{\dfrac{1}{2}}BC$$

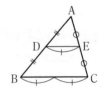

4 平行線と線分の比

□右の図のように，2 つの直線が，3 つの平行な直線と交わっているとき，

$$a：b＝\boxed{a'}：\boxed{b'}$$

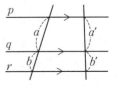

11

教 p.162〜167

1 重要 相似な図形の面積の比

□相似な2つの図形で,

相似比が $m:n$ ならば, 面積の比は m^2 : n^2 である。

|例| 相似比が 2:3 の相似な 2 つの図形 P, Q があって, P の面積

が 40 cm^2 のとき, Q の面積を x cm^2 とすると,

$$40:x= 2 ^2 : 3 ^2$$

$$4x=40\times9$$

$$x= 90$$

2 相似な立体の性質

□対応する 線分の長さの比 は, すべて等しい。

□対応する 面 は, それぞれ相似である。

□対応する 角の大きさ は, それぞれ等しい。

3 相似な立体の表面積の比と体積の比

□相似な2つの立体で,

相似比が $m:n$ ならば, 表面積の比は m^2 : n^2 である。

相似比が $m:n$ ならば, 体積の比は m^3 : n^3 である。

|例| 相似比が 2:3 の相似な 2 つの立体 P, Q があって, P の体積

が 16 cm^3 のとき, Q の体積を y cm^3 とすると,

$$16:y= 2 ^3 : 3 ^3$$

$$8y=16\times27$$

$$y= 54$$

教 p.180〜186

1 重要 円周角の定理

□❶ 1つの弧に対する円周角の大きさは，その弧に対する中心角の大きさの $\boxed{\dfrac{1}{2}}$ である。

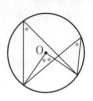

□❷ 1つの弧に対する円周角の大きさはすべて $\boxed{\text{等しい}}$ 。

□※半円の弧に対する円周角は，$\boxed{90°}$ である。

2 弧と円周角

□❶ 1つの円で，等しい弧に対する $\boxed{\text{円周角}}$ は等しい。

□❷ 1つの円で，等しい円周角に対する $\boxed{\text{弧}}$ は等しい。

3 円周角の定理の逆

□ 2点 P，Q が直線 AB について同じ側にあるとき，∠APB＝∠AQB ならば，この4点 A，B，P，Q は $\boxed{\text{1つの円周}}$ 上にある。

□※∠APB＝90° のとき，点 P は線分 $\boxed{\text{AB}}$ を直径とする円の周上にある。

|例| 右の図の四角形 ABCD で，

∠BAC＝∠BDC＝65° だから，4点 A，B，C，D は1つの円周上にある。

よって，∠ADB＝$\boxed{41°}$ である。

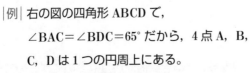

13

教 p.200〜204

1 重要 三平方の定理

□直角三角形の直角をはさむ2辺の長さを
a, b, 斜辺の長さを c とすると,
次の関係が成り立つ。

$$a^2 + \boxed{b^2} = \boxed{c^2}$$

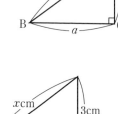

|例| 右の図の斜辺の長さを x cm とすると,

$$4^2 + \boxed{3}^2 = x^2$$
$$x^2 = 25$$

$x > \boxed{0}$ だから,

$$x = \boxed{5}$$

2 三平方の定理の逆

□三角形の3辺の長さ a, b, c の間に,
$a^2 + b^2 = c^2$ という関係が成り立つとき,
この三角形は長さ c の辺を斜辺とする
直角三角形である。

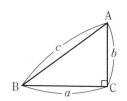

|例| 3辺の長さが 1 cm, 2 cm, $\sqrt{5}$ cm である三角形が, 直角三角
形かどうかを調べる。

この三角形の3辺のうち, もっとも長い $\boxed{\sqrt{5}}$ cm の辺を c と
し, 1 cm, $\boxed{2}$ cm の辺を, それぞれ a, b とする。このとき,
$$a^2 + b^2 = 1^2 + \boxed{2}^2 = 5$$
$$c^2 = \boxed{\sqrt{5}}^2 = \boxed{5}$$

だから, $a^2 + b^2 = c^2$ という関係が成り立つので, この三角形
は $\boxed{直角}$ 三角形である。

1 正三角形の高さ

□ 1つの頂点から 垂線 をひいて直角三角形をつくり,
三平方の定理を使って高さを求める。

2 **重要** 三角定規の3辺の長さの割合

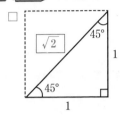

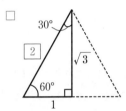

3 2点間の距離

□ 2点 A, B を結ぶ線分を 斜辺 とし,
座標軸 に平行な2つの辺をもつ
直角三角形をつくり, 三平方の定理を使う。

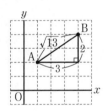

4 直方体の対角線

□ 右の図のような3辺の長さが a,
b, c の直方体の対角線 AG の長さ
を求める。

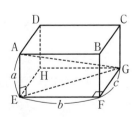

$$AG^2 = AE^2 + EG^2$$

$$EG^2 = EF^2 + FG^2$$

から, $AG^2 = AE^2 + EF^2 + \boxed{FG}^2$

$$= a^2 + b^2 + \boxed{c}^2$$

AG > 0 だから, $AG = \sqrt{\boxed{a^2 + b^2 + c^2}}$

15

8章 標本調査

教 p.224～230

1 全数調査と標本調査

□集団のすべてのものについて調査し，集団の性質を調べる調査を［全数］調査，集団の一部を取り出して調査し，集団の性質を推定する調査を［標本］調査という。

2 重要 標本調査

□標本調査（ひょうほんちょうさ）をするとき，集団全体のことを［母集団］，取り出した一部の集団のことを［標本］という。また，標本となった人やものの数のことを，標本の［大きさ］という。

□母集団（ぼしゅうだん）からかたよりなく標本を取り出すことを［無作為に抽出する］という。

例 全校生徒 600 人から，50 人を無作為（むさくい）に抽出（ちゅうしゅつ）して，読書が好きかきらいかの調査を行ったところ，50 人のうち，読書が好きな人は 35 人だった。

このとき，この調査の母集団は［全校生徒 600 人］

この調査の標本は［全校生徒から選ばれた 50 人］

また，全校生徒に対する読書が好きな人の割合は，［$\frac{35}{50}$］と考えられる。

よって，全校生徒のうち，読書が好きな人は，

$600\times\boxed{\frac{35}{50}}=\boxed{420}$

となり，およそ［420］人と推定される。